Georg Christian Albrecht Rückert

Der Feldbau chemisch untersucht

Georg Christian Albrecht Rückert

Der Feldbau chemisch untersucht

ISBN/EAN: 9783743677609

Hergestellt in Europa, USA, Kanada, Australien, Japan

Cover: Foto ©berggeist007 / pixelio.de

Weitere Bücher finden Sie auf **www.hansebooks.com**

Der
Feldbau
chemisch untersucht
um ihn
zu seiner letzten Vollkommenheit zu erheben

Von
G. Christ. Albrecht Rückert
Hofapotheker zu Ingelfingen,
Mitglied der Gesellschaft der sittlich = und ökonomischen Wissenschaften
zu Burghausen.

Dritter Theil.

O fortunatos nimium, sua
si bona norint
Agricolas!

VIRGILIVS.

Erlangen
bey Johann Jakob Palm. 1790.

Non poſſunt oculi naturam noſcere rerum.

LVCRETIVS.

Vorrede.

Hiemit liefre ich nun den dritten und lezten Theil dieses Werkes, und mit ihm die in der Ankündigung versprochenen Tabellen der chymisch ausgeschiedenen Bestandtheile der vorzüglichsten Gewächse des Ackerbaues.

Ueberzeugt durch die Erfahrung von der Richtigkeit meiner in der Vorrede des ersten Bandes pag. XIV. XV. geäusserten Ahndung, obwohl auch auf der andern Seite mehr als ich erwartete von der pag. XVI. lin. 12. geschmeichelten Hofnung, war ich unentschlossen: wie und auf welche Art ich den Landwirth, um gehörig verstanden zu werden, mit den Bestandtheilen oder vielmehr Untersuchungen der Gewächse bekannt machen sollte und wollte.

Anfangs, und noch vor Erscheinung des ersten Theils, war ich Willens, eben so wie in dem zweyten Theil, den ganzen Gang der Untersuchung jedes einzelnen Gewächses auf dem nassen und trocknen Weege zerlegt, zu beschreiben und alle: feuerfeste und flüchtige durch die Fäulniß zerlegliche und unzerlegliche Bestandtheile, so wie es eigentlich der Chymist hier erwarten konnte, anzuführen; allein, auf den Rath verschiedener Landwirthe, denen ich meine Gedanken und meinen Plan bekannt machte, — bey mehrerem Nachdenken, und auf die Erscheinung einiger Recensionen und schriftlichen Anfragen, hielt ich eine Abänderung desselben, weil die Verschiedenheit der im Feuer und Fäulniß nicht bestehlichen und auch nicht in unsern Händen befindlichen Bestandtheile, die in der Chymie Unerfahrne würde irre geführet und Anlaß zu neuen, zwar ungegründeten Zweifeln gegeben haben, für räthlich und nöthig.

Ich lege dahero hier im Auszug das Wesentliche meiner Arbeiten: die Resultate der Versuche, und zwar aus diesen blos die ausgeschiedenen feuerfesten in der Fäulniß bestehenden, oder aber, diejenigen Bestandtheile, die wir den Pflanzen zu übergeben im Stande sind, dar, und hoffe dadurch alles das, bey Uebergehung dieser Hindernisse zu bewirken, was Untersuchungen zu erzielen vermögen.

Auf

Auf den in der Vorrede des zweyten Theils geäuserten Wunsch: noch vor Beschluß des dritten, die Gedanken, Vorschläge, Zweifel und Erfahrungen berühmter Männer über meine Lehren und Einrichtung dieses Werks zu erfahren, bekam ich bishero allein, was die Nachrichten aus öffentlichen gelehrten Blättern anbetrift, das Gutachten des Herrn Recensenten der Oberdeutschen Litteraturzeitung zu Gesichte.

Da mir nun der Herr Recensent, für den ich als Landwirth, nicht aber als Chymist und Mineralog alle Achtung habe, vor dem Abdruck der Recension zu seiner eigenen Sicherheit, die sich in ihm bey Durchgehung meiner dargebrachten auf chymische Grundsätze und Erfahrungen ganz gegründete Lehren entwickelte Fragen und Zweifel, freundschaftlich, es seye auch ohne Nahmens Unterschrift, vorzulegen, die Ehre nicht gegönnet hat; so benutze ich hier diese Gelegenheit, ihm öffentlich seine Fragen und Zweifel ganz ohne alle Leidenschaft, so sehr auch Manches, wie ich sogleich zeigen werde, stark geahndet zu werden, verdienet hätte, zu beantworten.

Der Herr Recensent beginnet seine Beurtheilung also:

Oberdeutsche Litterat. Zeitung, CXXXIII. St. pag. 888. seq.

„Es war schon lange der Wunsch einsichtsvoller Oekonomen, daß Chemie, Naturlehre und Naturgeschichte in eine nähere Vereinigung mit der Landwirthschaft kommen möchten, als es bisher der Fall war. Leider haben zeither so viele Männer in dem Fache der Landwirthschaft gearbeitet, und gelehrt, ohne von den eben genannten, so äusserst nöthigen Hülfswissenschaften nur eine gründlich zu verstehen. Naturgeschichte und Naturlehre wurde doch bisher immer mehr und mehr mit der Landwirthschaft verbunden; aber Chemie wurde in Rücksicht letzterer bisher noch fast gänzlich vernachlässiget. Hr. Rückert glaubt nun, durch gegenwärtiges Werk auch diesem Mangel gänzlich abzuhelfen, und aus dieser Ursache möchte es auch auf dem Titel heissen: „um den Feldbau zu seiner letzten Vollkommenheit zu erheben.„ Die Absicht des Hrn. Verfassers ist es, Hrn. Mayers Beyträge zur Landwirthschaft aufs neue herauszugeben, und dieselben mit chemischen Anmerkungen zu begleiten. So finden wir in gegenwärtigem Bande folgende Abhandlungen: (Hier werden denn blos die Abh. angegeben).

Es würde hier unnütz seyn, von diesen Abhandlungen, in so ferne sie die Gedanken des Hrn. Mayer selbst betreffen, einen Auszug zu liefern; da die Schriften des Hrn. Mayer allgemein bekannt sind. Wir wollen uns daher nur mit Hrn. Rückerts aufgestellten Sätzen in den Anmerkungen beschäftigen, die so ziemlich neu und wider die größtentheils angenommenen Erfahrungen und Beobachtungen zu streiten scheinen.

Hr. Rückert behauptet, daß alle Erdarten auf eine materielle Weise der Pflanzen Wachsthum befördern, und daß letztere eben dasjenige seyen, was man bisher unter der fruchtbarmachenden Materie vergebens in andern Körpern suchte. — Die Luft führt nach seiner Meinung (S. 8. N. 1.) weder Oehl- noch Salztheile — und könne auch, da Gährung, Fäulniß und Entzündung die Oehle sowohl, als die vegetabilischen sauern Salze zerlegt, keine führen. S. 10. Im magersten Erdreiche, welche kein Quint öhlichter Theile führt, wachsen doch sehr viele Gewächse fettest heran; man findet im Centner 12-13. Pf. reinen Oehls (wo soll man das suchen?) von den Hauptbestandtheilen der Gewächse sey, um diese zu suchen, kein anderer Körper übrig als die Erde. (Hat denn der Hr. Verfasser auch aus der reinen Erde schon Oehl gezogen? Wie will er denn dieses aus der Erde entstehen lassen? Wie kommt es, daß er (S. 8.) behauptet, die Luft führte weder Oehl- noch Salztheile bey sich — und doch (S. 40.) Salzarten in der Luft erzeugen läßt — und (S. 48.) sagt: es finde sich Luftsäure in der Atmosphäre?) — S. 42.

Der Weinstock liefert die größte Menge des reinsten Laugensalzes, und wächst in einer unschmackhaften Erde, in welcher man so wenig Salz findet, daß wenn die Trauben daher ihren Geschmack erhalten sollten, wir anstatt Wein, Wasser erhielten. Uns dünkt doch, daß es natürlicher sey, lieber aus diesem wenigen Salze den Geschmack der Trauben herzuleiten, als alle Jahre eine Quantität Erde in Salz übergehen zu lassen; um so mehr, da es falsch ist, daß unsere besten Weinberge am Rhein und Mayn größtentheils aus Kalkerde bestehen, von der Hr. Rückert allein behauptet, daß sie in feuerfestes Laugensalz übergehen könne. Wie wird Hr. Rückert doch erklären, daß in düngerleeren Weinbergen, die im besten Kalkboden stehen, wenigstens um die Hälfte weniger und weit unschmackhaftere Trauben erzeugt werden, als auf schiefem Boden, der vor einigen Jahren, und zwar mit Mist, nicht mit Gyps, gedüngt wurde? — Wie wird er uns erklären, daß in den heissen Gegenden von Afrika in Sandwüsten doch schmackhafte und saftige Gewächse stehen; da er doch von der Kieselerde weder Wasser noch Salz entstehen läßt? Oder verwandelt sich etwa auch die Kieselerde so häufig in Kalkerde, daß daraus hinreichend viel Laugensalz entstehen kann? Der Hr. Verf. ist ein so grosser Liebhaber vom Umwandeln und Verwandeln, daß er vermuthlich auch diese Meinung angenommen hat.

Wir würden bey diesem gegenwärtigen ersten Bande noch weit mehreres zu erinnern haben; wenn er sich nicht bey jeder eigenen Hypothese auf die folgenden Bände beriefe, in welchen er alles weiter auseinander zu setzen verspricht. Wir sehen also, in der Hoffnung, triftigere Beweise zu lesen, der Fortsetzung mit Erwartung entgegen." †F†

Wir wollen nun nach Anhörung dieser Erklärung, denen darinnen geäuserten Fragen und Behauptungen Punkt vor Punkt folgen:

Der Herr Recensent fraget auf meine Behauptung: daß auch im magersten Erdreiche, welches kein Quint öhlichter Theile führe, doch sehr viele Gewächse fettest heranwüchsen und dann im Centner 12. 13. Pfund reines Oehl vorgefunden würde: wo soll man aber das suchen?

Wie sonderbar und unverständlich für mich diese Frage klinge, dieß werden alle diejenigen fühlen, die meine Lehren mit Aufmerksamkeit gelesen und gefaßt haben. Der Herr Recensent fragt nehmlich, das, was ich ja zu seiner eigenen Wiederlegung so deutlich sagte — sagte und bewieß: daß nicht im Mist, nicht in der Erde, nicht im Wasser und in der Luft, wie die Oekonomen bishero glaubten, Oehl und Salze bereits vorhanden seyen; sondern daß solche erst durch Hülfe der erforderlichen Erdarten, aus den Bestandtheilen des Wassers durch Hülfe der Feuermaterie zusammengesetzt, oder aber: aus Phlogiston, Feuermaterie und Feuchtigkeitsstoff (dephlogisticirten Wasser) erzeuget würden. Pag. 26. und 27. beschrieb ich die Art und Weise, wie diese Erzeugung laut der Erfahrung von statten gehe, und pag. 16. gab ich die Bestandtheile des Wassers und mehrere Beobachtungen an. Ich bewieß eigentlich durch dieses alles, so viel:

Daß man die Wirkung der Dünger vergeblich in der Menge ihres Oehls suche, und dahero bey Wählung der Dungmittel nicht ängstlich auf das, was nicht existiret, auf Oehl, — sondern auf die jeder Pflanze benöthigten und den Feldern fehlenden Erdarten, sein Augenmerk richten müsse.

Der Herr Recensent handelte also nicht weise, mich zu fragen: wo soll man aber die Menge Oehls suchen?

Ich wende die Sache um, und frage ihn: Woher sollen die 12. bis 13. Pfund Oehls, welche nach der Erfahrung unserer ersten Chymisten: nach der, eines Westrumbs, der z. B. im dreyblättrichten rothen Klee, welcher bekanntlich durch Kalk, Seifen- und Pottaschensieder-Asche, ausgelaug.

laugte Asche, Märgel ꝛc. welche Körper alle auch nicht die geringste Spur von Oehl und Salz führen *), auf dem magersten unfruchtbarsten Erdreich, zum fröhlichsten Wachsthum kann gebracht werden, dieses angezeigte Gewicht vorfand, und das ihm jeder einigermassen in chymischen Arbeiten Erfahrene ausscheiden wird, abstamme? In 2. Pfund grünem Klee fand nehmlich Herr Westrumb, dessen Autorität wohl jeden Zweifel verscheuchen wird (denn die Aufstellung meiner eigenen Erfahrungen würde hier für partheyisch geachtet werden), 8. Loth Oehl; im Centner also, wie ich muthmase, 12½ Pfund.

Weiter fährt mein Herr Recensent fort, und fragt: Hat denn Herr R. auch aus der reinen Erde (was das für eine Erde ist, das weiß allein der Oekonom, der Chymiker und Mineralog weiß es und kennet sie nicht) schon Oehl gezogen?

*) Der berühmte würdige Chymist: Herr Hofapotheker Andreae in Hannover fand, daß die salzreichste Märgelerde nicht mehr als $\frac{1}{300}$ Salz enthalte, und erklärte dabey, daß dieß eine Seltenheit seye, weil er unter den 300. Erdarten, die er auf Befehl untersuchen muste, nie Spuren von Salz und Oehl angetroffen habe. S. dessen Abhandlung über eine beträchtliche Anzahl Erden ꝛc. a. m. O.

gen? Wie will er denn dieses aus der Erde entstehen lassen? — Auch diese Fragen verstehe ich nicht! die erstere — lautet gerade so, als wenn ich behauptete: aus der Erde würde das Oehl ausgeschieden, und die andere; als hätte ich behauptet: das Oehl entstünde aus der Erde! — Wo sagte ich denn aber irgendwo von allem diesem ein Wort? — Entweder verstund der Hr. Recensent meine pag. 26. 27. gegebene Erklärung von der Entstehung der Oehle und Säuren nicht, die ich doch daselbst so verständlich durch das Vorhergehende, und besonders durch die pag. 16. lin. 15. 16. angeführten Bestandtheile der Oehle, machte, oder aber, er wollte mich nicht verstehen!

Auf beede Fälle erwiedre ich ihm nun:

Erstlich, daß da ich laut der Vorrede des ersten Theils pag. 9. und den Abhandlungen des zweyten, in ersterer von der geringen Menge Oehls sprach, in letzterem aber sie berechnete und als kaum der Anzeige würdig erklärte, wohl noch weniger in der angeblichen reinen Erde, worunter Er doch wohl in Erde verwandelten Mist verstehet, vorgefunden haben möchte, und dann

Zweytens, daß ich von der Entstehung der Oehle, ohngeachtet dieser meiner Theorie ohnbeschadet geschehen mag wie es will (denn genug ist

es

es, wenn ich behaupte: daß es nicht in unsrer Macht stehet, solches den Gewächsen zu übergeben, und daß auch solches bey dem Daseyn der erforderlichen Erdarten nicht nöthig sey), folgendes aus vielen Gründen glaube: das Wasser wird, während dem daß es sich in den Gewächsen austheilet, von der Materie des Lichts angegangen, und dadurch, so wie durch Hülfe der theils die Fasern formirenden, theils in dem Wasser befindlichen Erdarten und metallischen Theile, ein Theil in Lebensluft (reine Luft), der andre aber in Oehl, Säuren rc. je nachdem die Zerlegung mehr oder minder von statten gieng, zerleget und umgeändert.

Die grosse Verwandschaft der Erden und metallischen Theile zum Brennbaren (Phlogiston), welche 1) in Zucker- Campher-Raffinerien und Weinsteinfabriquen, alltäglich sich bestätiget, weil durch ihre Hülfe die Körper entbrennbaret oder gereiniget werden; 2) die gänzliche Umänderung des ganz wasserfreyen Weingeistes durch eine Entfernung oder Vermehrung der Feuermaterie und reinen Luft, in Wasser, Oehl, Säure; 3) der Austritt der Lebensluft aus den Gewächsen, wenn sie das Sonnenlicht geniesen; 4) der Stillstand dieser Ausströhmung, wenn sie im Schatten sind, und 5) die Zerlegung der Oehle, der Säuren, und des Wassers in alle diese Grundstoffe, machen mir nebst dem daß 6) weder Oehl noch Säure in den Düngern, im Erdreich, Wasser und der Luft vorhanden ist, die Richtigkeit meiner Behauptung sehr wahrscheinlich. Mein Herr Recensent beliebe übrigens zu seiner weiteren Ueberzeugung die Vorrede und mehrere Stellen und Anmerkungen, die sich dahin beziehen, und aus dem Register dieses Bandes sehr leicht zu finden seyn werden, mit Bedacht und ohne Präjudiz zu durchgehen, und dann erst wiederum mir seine Fragen und Zweifel vorzulegen.

Weiter sagt mein Herr Recensent:

Wie kommt es, daß er S. 8. behauptet, die Luft führe weder Oehl noch Salz bey sich, und doch S. 40. Salzarten in der Luft erzeugen läßt und S. 48. sagt: es finde sich Luftsäure in der Atmosphäre.

Wie sehr verstümmelt hier nicht der Herr Recensent meine Lehren und Behauptungen; wie sehr falsch begrief er nicht meine Sätze! Ich sagte pag. 40. um auf beede erstere Einwürfe zuerst zu antworten: „auser obig benannten Bestandtheilen enthält ferner noch jeder Boden mehrere „Erd- und Steinarten, sowie etwas salzichte

„Thei-

„Theile, die, wie dieses aus der Untersuchung „der Pflanzen zu ersehen ist„ denselben zur Nah„rung nöthig sind ꝛc. Unter den Erd- und Stein„arten verstehe ich Braunstein und die Schwerspath„erde, und unter den salzichten Theilen: Koch„salz, flüchtiges und festes Laugensalz, Vitriol„Salpeter- und Salzsäure. — Die Salzarten „kommen theils von Pflanzen und Thieren her, „theils werden sie in der Luft erzeugt, theils „durch Dungmittel darauf gebracht.„

Meine Meynung und Absicht hiebey war also diese: Es ist bekannt (und ich beschrieb auch die Art, wie dieses ohngefähr geschehe pag. 49. 60. 61.), daß die Salpeter- Salz- und Vitriolsäure unter gewissen Umständen hie und da erzeuget, und in mehreren Pflanzen neben der Pflanzensäure, welche aber in 50. auch 100. Mahl grösserer Menge als diese: die Vitriol- Salpeter- und Salzsäure in den Gewächsen vorhanden ist, vorgefunden werde. Da nun diese Säuren, welche theils bey Gewittern, theils durch Materien erzeuget werden, zu Zeiten in dem Erdreich vorgefunden werden können, so sind solche als Heterogene, den Feldern nützliche Theile, nicht aber als eigentliche Bestandtheile zu betrachten. Um keine Lücken bey Erwähnung der in dem Erdreich

vorge-

vorgefundenen heterogenen Theile zu Schulden kommen zu lassen, mußte ich also sowohl das Daseyn als die Entstehungsart dieser Säuren im Allgemeinen berühren. Aber: Was folget nun aus diesem allem? Ist Salz- Salpeter- und Vitriolsäure dasjenige, wovon ich rede: oder ist es die Pflanzen- die vegetabilische Säure, die so ganz verschieden von diesen und die in so unvergleichbarer groser Menge gegen jene gerechnet vorhanden ist, von deren Entstehung ich rede, und deren Gegenwart in der Luft, Erde, dem Regen und Mist ich leugne.

Ganz unbeträchtlich ist das Verhältniß der Mineralsäuren gegen die der Pflanzen: denn in einem Pfund getrockneter Getraidearten, Futtergewächse rc. die doch so reich an schleim- und harzichten Bestandtheilen: also an Oehl und Pflanzensäuren sind, ist in einer Mittelzahl gerechnet, ohngefähr $\frac{1}{120}$ fixer Salze, wobey denn noch, wie aus den Tabellen erhellen wird, sehr viele Laugensalze befindlich sind, vorhanden!

Den zweyten Vorwurf wegen der Existenz der Luftsäure in der Atmosphäre hätte ich wohl nicht in dem jetzigen Zeitalter erwartet. Sollte es dann aufgeklärten und eigentlichen Gelehrten unbekannt seyn, was unter Luftsäure verstanden werde?

de? Doch — hier ist der Raum nicht, mich hierüber zu erklären; war das pag. 32. 33. 48. rc. Gesagte meinem Herrn Recensenten nicht verständlich genug, und konnte er aus diesem nicht abnehmen, daß unter Luftsäure keine eigentliche Säure, sondern nur eine Luftart, welche auch fixe Luft genennet wird, und eben diejenige ist, welche in Bier- und Weinkellern die Lichter auslöschet, und das Geistige, Bremsende der Mineralwasser: des Selzer, Pyrmonter Wasser ausmacht, verstanden werde; so lese er hierüber in den Schriften eines Bergmanns, Kirwans, Ingenhoußz, Hermbstädts, Westrumbs, Achards, Gmelins rc. nach, und dann erst beurtheile er meine Lehren.

Nun gehet der Herr Recensent, ohne sich mit andern Behauptungen, die doch immerhin einer Anzeige würdig waren, würdiger als das nur im Vorbeygehen berührte mit dem Weinstock, zu dem Beyspiel über, das ich so eben erwähnte. Ich antworte ihm auf alles daselbst Gesagte also:

Es ist, was den Geschmack der Trauben, so wie aller Gewächse anbetrift, ganz und gar unläugbar, daß Erzeugungen und Zusammensetzungen in dem Pflanzenreich statt finden, weil wir weder in dem Wasser und der Luft, den Geschmack und

Geruch, welchen die Gewächse haben, vorfinden, weder Weinsteinsäure noch Weinsteinsalz wie in den Trauben und den mehresten Gewächsen, noch reines wohlriechendes Oehl und mehrere andre vegetabilische Säuren in der Erde und dem Dung antreffen. Da es nun eben so unläugbar und gewiß ist, daß auch ohne allen Beytritt von salzichtem Dung, in der magersten salz- und öhlfreyen Erde, wenn solche nur die gehörigen Erdarten besitzet, alle Gewächse aufwachsen können, und dann in ihnen verschiedene feuerfeste Salze: vegetabilisches und mineralisches Laugensalz, Digestivsalz, vitriolisirter Weinstein, Gyps, nebst der so beträchtlichen Menge vegetabilischer Säuren und Oehl vorgefunden werden, und diese wohl nicht aus Luft und Wasser allein, sondern auch, welches natürlicher und auch der Zerlegung zufolge richtig ist, theils aus, theils durch Hülfe der Erde gebildet sind (denn welche ungeheure Menge von Weinstein und vegetabilischem Laugensalz wird nicht jährlich, leztere unter dem Nahmen Pottasche aus Pflanzenasche ausgezogen, und welche Menge könnte nicht aus den Gewächsen des Ackerbaues und den wildwachsenden Pflanzen, die doch meistentheils in der magersten, ganz salzleeren Erde aufwachsen, erhalten werden?) — so

ist

ist man, ohne eben ein Freund von Verwandlung und Umwandlung, wie mein Herr Recensent zu sagen beliebt, zu seyn gar wohl berechtiget, ja ich glaube zu schliesen genöthiget: daß Erde, es seye nun Kalk. Kiesel. Bitter. oder Alaunerde, in Salz: in vegetabilisches, so wie in mineralisches Laugensalz verwandelt werde.

Glaubt mein Herr Recensent — glauben die Oekonomen: daß das stinkende schmierige Oehl im Dung in so reines schmackhaftes und wohlriechendes verwandelt werden könne, daß Schleime, Harze, Säuren, die Farben der Pflanzen, kurz, alle die so vielfältigen Bestandtheile der Gewächse bereits in der reinen Erde, und dem mineralischen s. v. Mist vorhanden seyen: warum sollte es denn mir verarget werden, zu sagen: daß Oehl, Säuren, alkalische Salze, Harze, Schleime, die Farben der Pflanzen aus Wasser und Feuermaterie, theils durch Hülfe, theils durch den Beytritt der Erdarten gebildet und erzeuget würden, besonders da die Erfahrung so ganz meine Behauptung bestätiget und im Gegentheil, selbst nach dem Geständniß der eifrigsten Oekonomen, die bisherigen Meynungen bey allen Gelegenheiten, widerlegt?

Ganz ohne Vorurtheil und mit sehenden Augen trat ich der Zahl der Oekonomen bey, hörte ihre Lehren an, und prüfte solche nach chymischen Grundsätzen und mit der Erfahrung. — Grundloß fand ich die theoretischen Behauptungen alle, erfahrungswidrig die Sätze, unanwendbar die Lehren: ich forschte weiter nach, und fand, was ich nunmehro lehre — fand daß einfach die Natur — daß Erde, Wasser und Feuermaterie als der Grundstoff der Gewächse zu betrachten, und dafür zu erkennen seye.

Ich gehe nun zu weiterer Beantwortung der lezteren angeführten Fragen über.

Der Herr Recensent will mich überreden, daß in dem besten düngerleeren Kalkboden, wenigstens die Hälfte weniger und weit unschmackhaftere Trauben erzeuget würden, als auf Schieferboden, der vor einigen Jahren, und zwar mit Mist, nicht mit Gyps (was soll hier aber der Gyps gegen mich bezeigen?) gedünget worden seye.

Wenn ich gerade der Autorität eines Ungenannten mich unterwerfen würde, so möchte seine Behauptung für weise geachtet und meine Meynung zu wanken scheinen; allein — so schnell fallen meine Sätze nicht, sie sind feste, sind auf

Erfah-

Erfahrungen, nicht auf Hypothesen gegründet. Ich sage also auf dieses meinem Hrn. Recensenten:

Erstlich, daß in einem an Kalkerde ganz armen Felde, der Weinstock nun und nimmermehr gedeyhen könne und werde;

Zweytens, daß das Erdreich der besten Länder der am Rhein, Mayn, Neckar und Kocher gelegenen Weinberge aus einem kalkartigen Märgel entstanden seye, und

Drittens, daß je reicher das Erdreich an Kalk, desto schmackhafter auch die Trauben, je edler der Wein, und desto grösser der Ertrag seye.

Bezeigen will ich ihm die Richtigkeit meiner Behauptung durch Männer, die 1) meine in Kalkschutt gelegte und mit Kalkwasser nun 3. Jahre lang begossene Weinstöcke sahen, und ihr ausserordentliches Wachsthum bewunderten; die 2) die Vortreflichkeit und Menge der Trauben eines mit Kalkschutt übertragenen Weinbergs in hiesiger Gegend, den ich ihnen vorzeigte, staunten, und die 3) die Wahrheit meiner Lehre: daß nur in Feldern, welche Kalkerde besitzen, der Weinstock gedeyhe, erprobt, durch die Erfahrung schriftlich bezeigen werden.

Der Schieferboden des Herrn Recensenten ist wohl nichts anders als Märgelboden, denn lezterer gleicht unverwittert einem Schiefer vollkommen und spaltet sich so wie jener in Tafeln; da nun dieser nicht, selbst der eigentliche Schiefer ohne Kalk gedacht werden kann; so fehlte mein Herr Recensent doppelt; als Oekonom verzeyhe ich ihm diese Sünde.

Wie der Mist im Weinberg ohngefähr wirke — der Mist, der ohnehin grösstentheils mehr Kalk. als Kiesel. Thon. und Bittererde besitzet, dieß wird ihm mein zweyter Theil erkläret haben.

Was nun schließlich die lezte Frage: wie ich wohl das erklären würde; daß in den heisen Gegenden (in den nördlichen also nicht?) von Afrika, in Sandwüsten doch schmackhafte und saftige Gewächse stehen, da ich doch von der Kieselerde weder Wasser (sollte vermuthlich Oehl heisen?) noch Salz entstehen liese: so antworte ich hierauf: daß der Beweis mit den Sandwüsten in Afrika, die mein Herr Recensent vielleicht so wenig als ich wird gesehen und die dem Sand beygemischten Erdarten geprüfet haben, hier gar nichts diene. Auch in Teutschland haben wir Felder, die ehedem Sandwüsten waren, und nun die herrlichsten Früchte tragen:

allein

allein mein Herr Recensent prüfe diese einmahl mit Säuren, und sage mir dann: braußte dieser Sand nicht mit ihnen auf — war er ganz an auflösbaren Erden arm? und — gesetzt auch, er braußte in Wahrheit nicht, er verlohr, mit Säuren nach meiner Vorschrift behandelt, keinen Gran von seiner Schwere, und es kamen doch, ein und andre Gewächse in demselben zurechte: Gebe dieses denn wohl einigen Beweis wider die vorzüglichsten Sätze meiner Theorie? Sage ich nicht, daß dieses Gewächs größtentheils Kiesel- jenes Thon- und dieses größtentheils Kalkerde zu seiner Nahrung bedürfe? Mögen also immerhin in einem Felde, das ganz aus Kieselerde bestehet, Pflanzen aufs herrlichste gedeihen, dieses wird meiner Theorie nie schaden; nein, befestigen wird es vielmehr ihre Sätze, und zernichten im Gegentheil die meines Herrn Recensenten.

Meynung und Muthmasung, die sich auf die Erfahrungen des Herrn Ritter Lorgna, Herrn Osburgs und meine eigenen gründete, war es und nichts mehr, daß ich sagte: aus Kalkerde entstünde das vegetabilische und aus Bittererde das mineralische Laugensalz; seye es, daß die Kieselerde und nicht die Kalkerde dieser Verwandlung fähig seye, mir gilt dieß gleich, denn nicht aus Laugensalz, sondern aus Erde sind die vorzüglichsten Theile der Gewächse gebildet!

Und so viel dann nun von diesem Mißverständniß! Willig unterwerfe ich mich und meine Lehren jedem gerechten Urtheil, und nehme mit lebhaftem Dank jede Belehrung an; ungerechter, ungegründeter Tadel aber ist mir bitter, und schmerzlich jedes öffentliche Mißverständniß!

Wahrheit allein war die Triebfeder meiner Bemühungen; die Absicht, nützlich zu werden, das Ziel auf welches ich ausgieng, und, nicht obenhin, sondern nach Grundsätzen der Naturlehre und Chymie beurtheilet zu werden, ist mein einziger Wunsch!

der Verfasser.

Ingelfingen
im Monat Februar
1790.

Nach-

Nachschrift.

Da bereits die Manuscripte des 3ten Theils dem Drucke übergeben waren, erhielt ich das 9te Stück der Erlanger gelehrten Zeitung, in welchem zu meinem Vergnügen, eine Beurtheilung des 1ten und 2ten Theiles dieses Werkes befindlich ist. Da mein Herr Recensent meine Behauptungen nicht logisch und chymisch beurtheilte (denn die Prüfung meiner Theorie nach ökonomischen Erfahrungen überlasse ich dem eigentlichen Landwirth) und mir hie und da Einwürfe machet, die theils den neuen Entdeckungen, Erfahrungen und Vernunftschlüssen widersprechen, theils aber von mir bereits gründlichst in dem 1sten und 2ten Theil widerlegt worden sind; so benutze ich den noch übrigen Zeitraum, und beantworte hier öffentlich alles das, was mein Hr. Recensent beantwortet zu sehen wünschte.

Der erste Einwurf: Daß, da Ernährung und Wachsthum der Pflanzen, nach allen darüber angestellten Beobachtungen ein sehr zusammengesetztes Geschäft seye, das sich bey ohnehin noch so grosser Dunkelheit am schwersten erklären lasse, wenn man ihnen einzelne Substanzen als alleinige Nahrung anweise; ist logisch und chymisch betrachtet, grundlos.

 Logisch

logisch betrachtet ist er nehmlich falsch, weil es aus der Erfahrung erwiesen ist, daß die Natur alle ihre Werke auf eine sehr einfache Art darstelle, und daß eben dahero (eine Behauptung, welche als einer der Grundsätze der Logik bekannt ist) nur diejenige Theorie wahrscheinlich seye, welche alle Phönomene leicht erkläret, oder welches eben das ist, welche zeiget: wie die Dinge mit den geringsten Anstalten hervorgebracht werden, und

Chymisch und physisch betrachtet ist er grundlos, weil alle angestellte Beobachtungen von dem einfachen ungekünstelten Gang der Natur reden, indem man

1) in Erdenmischungen, die ganz von Oehl und Salz befreyet waren, alle die dem Erdreich angemessenen Gewächse aufs fetteste heranwachsen sahe, und in ihnen dann (den Gewächsen nehmlich) alle Bestandtheile, welche ihnen zukamen, vorfand, und

2) weil man zu dem Erstaunen aller Oekonomen erfuhr

a) daß durch keine Art Oehls das Wachsthum der Pflanzen befördert, sondern vielmehr nach Home und mehrerer Erfahrung hierdurch verhindert werde;

b) daß die öhl- und salzfreyen Dungmittel: die Seifensiederasche, der Märgel, der Kalk, gepochte Ziegel- und Backsteine, Backofen-

erde,

erde, ausgelaugte Asche auf die mehresten Getraidearten besser wirken, als wann das Gegentheil statt fand, und endlich

c) daß zu Asche gebrannte, ihrer öhl- schleim- und harzichten Theile also gänzlich beraubte Gewächse, eben so gut, ja noch besser düngen, als wenn man sie im verfaulten Zustande anwendet.

Mehrere Beweise hierzu, die ich in Menge darstellen könnte, halte ich für ganz überflüssig, besonders da mein Herr Recensent zu seiner eigenen Widerlegung in der nehmlichen Seite p. 138. lin. 24. anführet: daß jede Pflanze ihre eigene Säfte habe, mithin dadurch auf alle Fälle nichts mehr und nichts weniger beweiset, als: daß da alle Pflanzen ihre eigenen Säfte hätten, die edlen nach der Meynung der Oekonomen bloß aus einem schleimichten Wesen entstehenden, also sehr einfachen Säfte des Mists solche zu ersetzen nicht geschickt seyn könnten.

Der 2te Einwurf: daß der gewöhnliche Weg des Zerlegens, welchem ich folgte, und durch den man mir zwar manche Aufschlüsse zu verdanken habe, nicht so ganz zuverlässig seye, ist allzuweit getrieben.

Wer sagte denn meinem Hrn. Recensenten, daß ich allein den erzählten Weg zur Formirung meiner Theorie gegangen seye? Was würde wohl das Publikum für Belehrungen aus der Menge der Versuche gezogen haben, denen zu folge ich

nur

nur behauptete, daß die vegetabilischen Säuren durch die Fäulniß zerleget würden?

Ich versichre hier also meinen Hrn. Recensenten, denn da, wo ich es mit Chymisten allein zu thun habe, werde ich es einst beweisen, daß der größte Theil meiner Untersuchungen auf dem nassen Wege, und nur die Wiederholung derselben auf dem trocknen Wege geschah, und daß ich bey ersterem, stets so wie bey lezterem gefunden habe: daß Fäulniß die vegetabilischen Säuren zerlege.

Der 3te Einwurf: daß wenn auch die Reste verbrannter Pflanzen aus Erde bestünden, hieraus dennoch nicht folge, daß der Boden, in dem sie aufgewachsen, solche sämtlich hergegeben habe — beweiset ganz und gar nichts. Denn das Wort: sämtlich, welches Hr. Recensent setzen muste, zeiget an, daß er mit mir um leere Worte streite. Seye es, daß der Wind oder der Regen zu jedem Centner Pflanzenasche 5 Pfund (mehr wohl nicht als 1 Quint) beytrage: Was folgt aus diesem?

Ist die Erde, die so verschiedentlich gemischt in den Gewächsen vorhanden; ist; die Erde, die wir denn nach wiederholtem Anbauen in dem Felde wissen, und deren Mangel alsdann, wie dieß jeder Wahrheit liebende Mann ohne viele Mühe erproben kann, Unfruchtbarkeit, der Ersatz derselben aber Fruchtbarkeit erzielet, ein so gar unwichtiges Wesen? Mein Hr. Recensent rede hier als Landwirth: als Landwirth — der den grossen Unterschied und Einfluß des Erdreichs so oft erfähret.

Der 4te Einwurf: daß ich auch in der Asche solcher Gewächse, die sich in blossem Wasser entwickelten, das keine aufgelößte Erde zuführen könnte,, dergleichen Erde vorfinden würde, beruhet auf einer Voraussetzung, die nur ehedem nicht, jetzo aber gar leicht beantwortet werden kann.

Mein Hr. Recensent dachte hierbey wohl an das Aufziehen ein und andrer Zwiebel-Gewächse in Wasser? Keine andere Erfahrung ist mir nicht bekannt; — ist es nun so, wie ich glaube, so bitte ich ihn — meine bey Erklärung des Helmontischen Versuchs dargebrachten Gründe bey diesen Versuchen anzubringen: das eigentliche Gewicht der Erde nehmlich, welches das Gewächs, ehe es in das Wasser gestellt wurde, besaß, zu bestimmen, damit dasjenige der in dem Wasser vorhandenen Erde zu vereinigen, und dann solches mit der Asche der im Wasser entwickelten, also nicht ganz erzogenen nur ausgedehnten Pflanze zu vergleichen: Gewiß, ich bin es überzeugt, wir werden uns alsdenn vergleichen!

Der 5te Einwurf des Hrn. Recensenten lautete also: der bekannte Helmontische Versuch, obgleich mit Grunde manches (Manches) dagegen erinnert wurde, beweißt doch immer so viel, daß die Erde wenigstens in Ansehung vieler Pflanzen nicht in dem hohen Grade wirke

als

als es der Verfasser behaupten will. Bedenkt man den grossen Unterschied unter vegetabilischen und mineralischen Stoffen, so wird sein Satz noch zweifelhafter.

Mich hierüber nun zu erklären, erwiedre ich auf den ersten Punkt, daß die Erde bey allen Pflanzen ohne Ausnahme in gleich höherm Grade wirke; denn dieses: daß das eine Gewächs mehr Feuchtigkeit als das andre, mithin in einem gleich grossen Gewicht weniger Erde führet, beweiset nichts gegen die Wirkung derselben, da aus der Erfahrung dargethan ist, daß auch die Weide, von der hier die Rede ist, nicht in allem und jedem Erdreich gedeyhet. Zur Bildung der Fasern und übrigen festen Theilen der Gewächse bedarf die Natur, je nachdem die Art der Pflanzen ist, eine gewisse Vermischung der Erdarten und metallischen Theile, und fehlet hierzu viel oder wenig, so ist das Wachsthum in gleichem Grade mehr oder minder vollkommen. Wäre das Wasser nur allein nebst der Luft als Nahrungsmittel anzusehen, und die Erde also nur der Standort der Gewächse: wie glücklich würde nicht der Landwirth seyn! Die Ungleichheit der Felder, von denen es bekannt ist, daß unfruchtbare und fruchtbare sehr häufig kaum einer Handbreit von einander liegen, da sie doch einerley Luft und Wasser erhalten, würde wegfallen, und blosses Bearbeiten des Erdreichs würde nöthig seyn!

Was

Was den 2ten Einwurf anbelangt: so kann ich mich kaum überzeugen, daß dieser von einem Chymiker abstamme. — Groß, sagt mein Hr Recensent, ist der Unterschied unter vegetabilischen und mineralischen Stoffen! Wie hätte ich je diesen Ausruf hier erwarten sollen — diese Behauptung, die ich so deutlich in den beiden vorhergehenden Theilen widerlegt habe? Die Erde der Pflanzen und des Düngers ist ja eben die, welche man im Mineral-Reiche antrift, kein Chymiker gedachte auch nur bishero daran, diese grosse täglich bestätigte Wahrheit zu leugnen! Pflanzenerde, thierische Erde, wie genau zerlegt und wie bekannt ist diese nicht, und die Metalle und feuerfesten mineralischen Salze der Gewächse: das Eisen, der Braunstein, der Gyps, das mineralische Laugensalz, die Vitriol- Salz- und Phosphor-Säure, deren Anwendung in dieser oder jener Mischung so äusserst wirksam und so sehr erprobt ist, wie nützlich sind diese nicht — wie augenscheinlich wirkend nicht die aus solchen zusammengesezten Körper: das Haalbötzig, die Salzasche, der Pfannenstein, der Dornschlag, Gyps, die Steinkohlen, die Eisensteine, und die größtentheils aus mineralischem Salze bestehende Torfasche? —

Was den 6ten Einwurf anbelangt: daß in einerley Erdreich sehr mannigfaltige Pflanzen wachsen und gedeyhen können, davon jede ihre eigenen Säfte habe, ohngeachtet sie einerley Nahrung an sich ziehen, so habe ich diesen auch bereits zur Gnüge beantwortet.

Mein

Mein Herr Recensent erkläre mir einmal nach seiner Theorie diese von mir selbst zum Erweiß der Richtigkeit meiner Lehre aufgestellte Erfahrung; er erkläre mir: wie und auf welche Art aus dem stinkenden Mist so reine Säfte — so verschiedene Bestandtheile, und die in so grosser Menge gebildet werden — wie ohne allen Mist bloß allein durch Märgel, Kalk, Thon rc. alle Gewächse des Ackerbaues aufs fetteste können herwachsen — und wie auch ohne diese in einer für sich schon fruchtbaren Erde, wie uns solche aus den Gegenden des Rheins, Mayns, Neckars und mehreren in Spanien, Amerika und in dem Morgenland vorhandenen Ländern aus Schöpfs und Biörnstähls Berichten bekannt ist, so reichlich ernähret werden, da doch laut meiner im ersten und zweyten Theil aufgestellten Beweise, ein Andreä und mehrere, die der ältern Theorie zugethan waren, in dem fruchtbarsten Erdreiche, welches als vorzüglich salzreich ausgegeben wurde, kaum Spuren von Salz und Oehl vorfanden.

Doch wozu aller dieser schon dargelegten Beweise: War es meinem Herrn Recensenten bey Erwähnung dieser Zweifel nicht erinnerlich, daß die Natur auch in dem Mineralreich aus den nehmlichen 7 Erdarten, die ich nebst den metallischen Theilen: dem Eisen- und Braunstein als die Grundlage aller Gewächse annahm, die so ungeheure den Gewächsen gleichkommende Anzahl von Gebirgs- und Steinarten, die dem äusserlichen nach so sehr

von

von einander verschieden sind, gebildet habe, und daß durch blosse Versetzung und Vermischung der 5. einfachen Erden, — Eisen und Braunstein auch abgerechnet, welches erstere Metall doch in so vielen Gewächsen vorgefunden wird, eine unzählbare Menge von Steinen und Erden, die dem äusserlichen sowohl als den Eigenschaften nach eben so sehr von einander verschieden sind, als die Gewächse immerhin entstehen können; so seye es mir hier erlaubet, ihn hieran, statt aller wiederholten Beweise und Erklärungen: wie so viele Arten Gewächse auf einem und dem nehmlichen Boden gedeyhen können, zu erinnern.

Der 7te Einwurf oder vielmehr die Erinnerung an die Saugeröhren der Gewächse dienet, ohngeachtet deren Bestimmung noch nicht so ganz bekannt ist, mehr für als wider mich. In dem ersten Theil habe ich mich hin und wieder dißfals erkläret.

Der 8te Einwurf und vermeinte Beweiß: daß auch luftartige Wesen feste Pflanzentheile bilden können, indeme der Chymist die Verwandlung luftartiger Wesen in feste Körper dadurch bewirke, daß er aus einer Vermischung der alkalischen Luft mit flußspatsaurer Luft ein ammoniakalisches mit Kiesel = und Eisenerde verknüpftes Mittelsalz erziele, ist nichts weniger als widersprechend, ja vielmehr bestätigend für mich.

Bekannt ist es nehmlich, daß die Flußspatsäure die Kieselerde und das Eisen aufzulössen und zu verflüchtigen, die besondere Eigenschaft besitze, und daß man dann diese aufgelößten Körper wieder ganz unverändert erhalte, wenn man der Säure oder Luftart einen Körper darbiete, zu welchem sie eine nähere Verwandschaft als zu jenem besitzet.

Die alkalische Luft ist nun bekanntlich eine dieser Substanzen, sie verbindet sich nehmlich mit der flußspatsauren Luft und macht dadurch die von den Gläsern, in welchen sie bereitet und vermischet wurde, aufgelößte Kieselerde, welche allezeit mit etwas Eisen verunreiniget ist, loß, und formiret damit das angezeigte mit Erde und Eisen verbundene Salz.

Daß diese Einwirkung der Flußspatsäure wirklich also geschehen, dieß beweisen uns längst:

1) Die in metallenen Gefässen angestellten Versuche, bey welchen sich nicht das mindeste von Kieselerde oder Eisen, es seye denn, daß der Flußspat damit verunreiniget war, entdecken ließ, und

2) der jedesmalige erlittene Verlust am Gewicht des Glases. Da man bekanntlich nun durch diese Säure im Glaß zu ätzen die Kunst erlanget hat, so bedarf die vorige Behauptung wohl keine Bestätigung.

Und — was können und müssen wir nun aus dieser Erfahrung folgern? Ist hier die Luft in Erde verwandelt, oder ist leztere aus solcher bloß geschieden worden? Verwandeln und ausscheiden ist meines Erachtens ganz ausserordentlich von einander verschieden, denn lezteres setzet das Daseyn des auszuscheidenden Körpers schon zum voraus, ersteres aber nicht. Der ganze Beweis,

den

den, man aus dem bishero Gesagten ziehen kann, ist der: die Kieselerde so wie das Eisen kann durch gewisse Menstrua so sehr vereinfachet d. i. zerkleinert werden, daß unsere Augen solche nicht zu sehen vermögen, und sie eben dahero auch in die subtilesten Fasern einzugehen geschickt sind. Ob nun dieser Beweiß für oder wider mich seye, dieß mag der gütige Leser entscheiden.

Die fernern Meinungen und Erklärungen des Hrn. Recensenten sind wörtlich diese: „Ueberhaupt sind wir mit der Luft noch zu wenig bekannt, um über ihre Einwirkung mit Zuverlässigkeit zu entscheiden. Die Bestandtheile, worauf es hier ankommt, sind zu fein, als daß unsere Sinne sich von ihrer wahren Natur unterrichten könnten. Immerhin lasse man deswegen den Oeconomen bey seinem Glauben, daß mit der Luft allerley feine, salzichte und öhlichte Theile in die Gewächse eindringen und sich mit den in ihnen bereits befindlichen Säften vereinigen.

Was Hr. Rückert für das Nichtdaseyn solcher Theile anführt, scheint Recensenten die Gründe nicht aufzuwiegen, welche sich für das Gegentheil angeben lassen. Die bey jeder Fäulung entstehende Ausdünstung oder Verflüchtigung der feinsten in die Luft übergehenden Theile, der Niederschlag, welcher durch Regen, Schnee, Gewitter nothwendig erfolgen muß, rechtfertiget die gemeine Vorstellungsart des Landwirths sehr gut.“

Da mein Herr Recensent damit schliesset: er hoffe, ich werde mich in dem 3ten Theil über diese Einwürfe erklären, so thue ich nun solches hier in obiger Ordnung.

1) Was die Kenntniß der Luft, deren Bestandtheile zu fein wären, als daß unsere Sinnen sich von ihrer wahren Natur unterrichten könnten, anbelangt, so läugne ich zwar nicht, daß unsrer Kenntnisse ohngeachtet, die man von ihren Bestandtheilen hat, noch vieles, was wir jetzo nicht wissen, erforschet werden könne; allein was nützen alle diese fernern Entdeckungen dem Landwirth; vermag er je Anwendung davon zu machen — je der Luft zu gebieten, daß sie hier stille stehe und sich entlade?

Ein Feld, das einmal seine erforderlichen Erdarten verlohren hat und dahero unfruchtbar ist, kann dieses wohl, wenn es ganz arm an brauchbaren gröbern Erdarten und Steinchen ist, welche allenfals solches durch ihr Verwittern verbessern könnten, auch durch eine 15jährige Ruhe und Aussetzung der Luft und Sonne fruchtbar gemacht werden? Ich denke wohl, und die erfahrensten Landwirthe bestätigen dieses: Nein!

Ich kenne Felder in unserer Gegend, welche nun, weil sie entkräftet waren, 30. 40. Jahre lang unangebauet da liegen, und leider zum Schmerzen der Besitzer noch dato das sind, wie angestellte Versuche solches bestätigen, was sie zuvor waren, unfruchtbar!

Die

Die vermeinte anziehende Kraft der Erdarten, als wovon ihre Wirkung herrühren soll, ist ganz falsch und ungegründet. Der Chymiker, dem gegenwärtig wohl nichts bey den Untersuchungen von Salzen, Oehlen und Luftarten entgehet — der Chymiker sage ich, würde, wenn wirklich aus der Luft etwas in das Erdreich abgesetzet würde, solches gewiß mit leichter Mühe entdecken, allein bishero fand er nichts von allem diesen, etwas Salpeter. und Vitriolsäure allein fand er, und dieß sehr sparsam von ihr abstammend.

Daß übrigens, um mich kurz zu fassen, ausser der Materie der Wärme, etwas fixen Luft und dem Regenwasser nichts aus der Atmosphäre abgesetzet werde, dieß geben uns die im ersten Theil angeführten sehr bekannten Erfahrungen, daß auch unter gläsernen Glocken, welche alle Einwirkung der äussern Luft verhindern, die Pflanzen, welche hier nichts als die Materie des Lichts und der Wärme erhalten, eben so gut gedeyhen, als wenn sie unbedeckt der freyen Luft ausgesetzet sind — sattsam zu erkennen.

Belehren diese Gründe, und die, welche ich schon vorhin anführte, daß nehmlich ein so grosser Unterschied unter dem Erdreich in Ansehung dessen Frucht- oder Unfruchtbarkeit statt habe, und daß dieser durch den Ersatz der dem Erdreich fehlenden, und den Pflanzen, - wie dieß aus ihrer Untersuchung bewiesen werden kann, benöthigten Erdarten gehoben werden könne, so mag er immerhin dem Glauben derjenigen Oeconomen beytreten, welche die fruchtbarmachende Materie in der Luft suchen, und auf deren Güte — troß dem Unterschied, den ihre bemärgelten, ihre mit kalk- und thonartigen Körpern überführte Felder für den unbemärgelten und mit kalk- oder thonartigen Körpern, nicht vermischten, haben — harren.

2) Was die bey jeder Fäulung vermeinte Verflüchtigung der feinsten Theile, so wie den Niederschlag, welcher durch Regen, Gewitter, Schnee, nothwendig erfolgen soll, anbetrift, so habe ich mich in dem 1sten und 2ten Theil — hinreichend erkläret. Oehl- und Pflanzensäuren, Harze und Schleime, alle diese Substanzen werden nehmlich durch die Fäulniß in ihre Grundstoffe: in die Materie der Wärme, Brennbares (Phlogiston), Feuchtigkeitsstoff und Wasser zerleget, und es ist dahero weder an Oehl noch Salz, wie dieß — nun hier zugleich die Meinung wegen dem Niederschlag durch Regen, Gewitter und Schnee zu widerlegen, die Versuche mit Regen- und Schneewasser siehe 1sten Theil p. 312. in verschlossenen Gefässen ausweisen, in der Luft zu gedenken. Erzeuget auch das Gewitter etwas Salpeter- und Vitriolsäure, wie ich im 1sten Theil erwähnte; so ist hieraus doch nichts wider meine Theorie zu folgern, da ich ja dieses alles so verständlich als möglich an vielen Orten auseinander gesetzet und erkläret habe.

Bereits habe ich viele neue Bestätigungen meiner Theorie von practischen Oekonomen in Händen, diese werde ich einst nebst meinen eigenen

Erfah-

Erfahrungen bey genauer Bestimmung der Erdreiche, Verbesserungsmittel und Bestandtheile des Gewächse dem Publiko in einer besondern Schrift vorlegen.

Uebrigens versichere ich meinen Hrn. Recensenten und verbinde mich es auch mit mehrern Personen, die meinen Mangel an ökonomischen und chymisch-ökonomischen Schriften vor der Entdeckung der Wirkungsart des Gypses, und der Erden, vor der Formirung also meiner Theorie, kannten, daß ich Tulls und du Hamels Lehren aus keiner andern Schrift als aus Wallerius chymischen Grundsätzen des Ackerbaues, welches Buch ich aber lange nach Ausarbeitung meiner Theorie von meinem Schwieger-Vater, Herrn Pfarrer Mayer zur Widerlegung erhielt, kenne, und daß ich also hierinn nicht nachgeahmet, sondern ohne alle Leitung auf das, was ich bishero gelehret, von selbst, durch die Eigenschaften und Wirkungen der Dinge bewogen, gefallen bin.

Kurz vor dem Abdruck des erstern Theils beschrieb ich mir (ich bemerke dieß, um das Meum et Tuum in den Entdeckungen nicht zu vergeben) Bergmanns Opuscula chymica, wie dieß Hr. Palm und mehrere bezeugen können, zu meinem chymischen Gebrauch, und fand in dem 5ten Band der gedachten Werke zu meinem Vergnügen auch eine Abhandlung de terris Geopenicis.

Herr Bergmann, dessen Verdienst um die Chymie so groß ist, als das eines Linne um die Botanik, äusserte in dieser Abhandlung, welche als Preisfrage in Frankreich gekrönet wurde, mehrere mit meiner Lehre übereinstimmende Behauptungen; verfolgte aber solche nicht, und betrachtete sehr viele, weil es eigentlich nicht hierher gehörte, nur oben hin.

Die Freude, bereits einen Chymisten der ersten Grösse zu meinem Vorgänger gehabt zu haben, veranlaßte mich, daß ich nicht allein mehrere Stellen aus seiner Schrift für meine Abhandlung, welchen ich zuvor ähnliche aus den Mayerischen Schriften vorgesetzet hatte, zog, sondern daß ich auch, um ganz unpartheyisch zu handeln, in dem Manuscripte des ersten Theils, da — wo ich eigene Untersuchungen von den Bestandtheilen des Erdreichs rc. aus Mangel anderer angebracht hatte, seine Erfahrungen meinem Plane gemäß statt der meinigen aufnahm.

Um den Landwirth mit der Abhandlung dieses so berühmten Mannes bekannt zu machen, veranstaltete ich voriges Jahr eine getreue Uebersetzung, welche unter meinen Augen geschah, und war Willens, diese dem 3ten Theil beyzufügen, allein der Ueberfluß von noch vorhandenen Auszügen der Mayerischen Werke, die den mehresten Oekonomen willkommener als eine chymische Abhandlung allerdings sind, gestattete die Ausführung dieses Vorhabens nicht.

Dieß wäre nun alles, was ich hier noch nachzutragen hätte, und was ich zu erwiedern, der Wahrheit zu Gefallen, für nöthig achtete.

Ein=

Einleitung.

Dem gütigen Leser habe ich hier allein theils von der Veränderung meines Planes, theils von ein und andern in dem gleichfolgenden Abschnitt vorkommenden Ausdrücken Rechenschaft und Erläuterung zu geben.

Ich war Anfangs Willens in diesem Theile;

1) die Theorie des Herrn Wallerius zu widerlegen, und dann
2) mehrere Tabellen nach den Procenten der Güte des Erdreichs, in Rücksicht ihres Anbaues anzuführen.

Allein bey fernerer Ueberlegung fand ich, daß, was ersteres anbetrift, ich hier nichts als das bereits Gesagte wiederholen könnte und müßte, indem ich in den Mayerischen Schriften alles dasjenige schon gesagt habe, was zur Widerlegung derselben nöthig war, und daß, was das zweyte anbelangt, der Schwierigkeiten allzuviel in Ansehung der Befolgung wegen dem Mangel an Lokalkenntnissen vorhanden seyen, indem hier jene und dort andre Gewächse aufgenommen, die übrigen aber als untauglich und nicht für ihre Felder passend verworfen würden: in dieser Rücksicht also verließ ich diesen erstern Plan und lege ihn nun hier in einer andern Gestalt dem Publiko zur gütigen Beurtheilung, vor.

Jeder Landwirth wird nun selbst hiedurch, mit Beyhülfe der Uebersichtstabelle und denen in den Abhandlungen vorgetragenen Lehren seine durch die Landessitten eingeführten Getraidarten und übrigen Gewächse zu wählen — für sie die erforderlichen Erdreiche, Dung- und Verbesserungsmittel auszusuchen — und dadurch also selbst allem demjenigen zu entsprechen in den Stand gesetzt werden, was ich aus Mangel hinreichender Lokalkenntnisse nicht zu leisten vermochte.

Will man dieß bewerkstelligen, so betrachte man nur das Procent der auflöslichen und unauflöslichen Theile der Gewächse, ihr mehr oder minderes Gewicht der in Scheidewasser und Vitriolsäure auflöslichen Erden — vergleiche damit seine Felder, und — hat z. B. das Feld Mangel an in Scheidewasser auflösbaren Erden, und gegen diese betrachtet, Ueberfluß an solchen, welche sich in Vitriolsäure auflösen; so wähle man dann hierzu die in den Tabellen angezeigten ihm ähnliche Gewächse — setze entweder vor, während, oder nach der Saat etwas weniges der mangelnden Theile: es seyen die erdicht- oder salzichten Körper, bey, und verfahre so im Gegentheil mit den in Vitriolsäure auflöslichen dem Felde fehlenden Erden.

Die Art, das Gewicht oder die Procente der in Scheidewasser und Vitriolsäure auflöslichen Erden zu erfahren, habe ich bereits in dem vorhergehenden Theil pag. 42. 43. und an mehreren Stellen bekannt gemacht. Da es nun bey mehreren Gattungen Erdreichs, ja, bey gänzlicher Verbesserung der Felder nöthig ist, sich neben den in Scheidewasser auflöslichen Erden, auch mit dem der in Vitriolsäure auflösbaren bekannt zu machen; so gebe ich hier auser dem daselbst Angeführten, welches ich hier zu wiederholen bitte, noch folgende Regeln:

Man nimmt von der zu prüfenden Erde oder Steinart unter der im ersten Theil pag. 258. erwähnten Vorsicht eine gewisse Menge, läßt solche in einer eisernen Pfanne oder auf Blech über einer Kohlpfanne abtrocknen, und alsdann, wenn sie zerrieben ist, sogleich in dem nehmlichen Gefässe, welches man bis zum Glühen erhitzet, ohngefähr eine halbe Stunde wohl durchglühen. Von diesem also behandelten Pulver wiegt man nun 2. Portionen jede zu 2 - 300. Gran noch warm ab,

mer-

merket sich deren Gewicht, und behandelt sie — die eine Portion wie im ersten Theil pag. 258. und die andre wie im zweyten Theil pag. 42. 43. gemeldet worden ist.

Das durch Vitriolsäure Ausgezogene, welches von den durch Scheidewasser aufgelösten abgezogen wird, bestimmet, wie ich daselbst schon erwähnet habe, die Procente der in Vitriolsäure und Scheidewasser auflösbaren Erde; Z. B. Lößten sich von 200. Gran Erde 80. Gran in Scheidewasser und auf der andern Seite 30. Gran in Vitriolsäure auf; so ziehet man lezteres Gewicht von dem ersteren ab, und sagt dann: die Erde bestund aus 25. Procent in Scheidewasser und 15. Procent in Vitriolsäure auflöslicher Erden oder Theile.

Da es unter dem s. g. schwerem Felde sehr viele gibt, welche wenig oder gar nicht mit Säuren brausen: so bemerke ich, daß solche, es seye dann das Erdreich mager, also nicht gar zäbe, gar keiner andern Untersuchung bedürfe, indem aus dem schwachen Aufbrausen sattsam zu ersehen ist, daß solches an Kalk- und Bittererde (denn die Thonerde brauset, wenn sie in zähem thon- oder lettenartigem Erdreich vorhanden ist, nicht mit Säuren auf) gänzlich Mangel leide, und man überführet oder vermischet alsdenn dergleichen Erdreich ohne ferneres mit denen in dem folgenden Abschnitt angezeigten Verbesserungsmitteln, welchen man zur Vorsicht, wenn die angewendeten Körper nicht bereits schon in Vitriolsäure auflösliche Erden besitzen, den vierten Theil thon- und bittererdichte Körper beysetzet; Ist das Erdreich aber mager, und brauset diesem ohngeachtet mit Säuren nicht; so übergieset man ein bekanntes Gewicht mit einer genugsamen Menge verdünnter Vitrilsäure, stellet es auf einen Messerrucken hoch gesiebten Sand oder Asche in einer Pfanne auf etwas weniges Kohlen, oder aber: im Winter blos auf Papier — auf den Ofen, — läßt es daselbst

bis

bis zum Kochen erhitzen, rühret alles zu Zeiten mit einem Federkiel untereinander, und behandelt es dann nach Verfluß von 24. Stunden wie pag. 43. gemeldet worden ist. Das Aufgelöste und mit Pottaschen-Auflösung Niedergeschlagene gibt dann zu erkennen; Ob auser den kalkartigen auch ein Zusatz von thonichten Körpern, nöthig seye oder nicht?

Brauste das Erdreich während der Vermischung mit Vitriolsäure nicht im geringsten auf, so hat man die Vermischung der abfiltrirten Flüssigkeit mit Pottaschen-Auflösung nicht nöthig, sondern man süßet nur allein das im Filtrir-Papier zurückgebliebene mit heisem Wasser hinlänglich aus, d. i. überschüttet die in das Filtrir-Papier gebrachte Erdenmischung, wenn von solcher die Vitriolsäure abgeflossen ist, so lange mit siedendem Wasser, bis solches geschmacklos davon tröpfelt, schlägt alsdann den oberen leeren Rand der Filtrirtute übereinander, drückt solchen etwas an, beschweret ihn mit einem kleinen Gewicht, wozu ein halb Loth-Stück am besten ist, und füllet dann zur gänzlichen Aussüssung dieses obern Theils der Filtrirtute, der ohne dieses Verfahren allezeit etwas Säure beybehält, den ganzen Trichter voll mit warmen Wasser auf. Ist alles Wasser abgelaufen, so leget man das zusammengelegte Filtrum auf ein Blättchen Papier in eine untere Coffee-Schale, stellt diese in die Pfanne, und trocknet so, wie im ersten Theil gemeldet worden ist, die Erde gehörig aus. Das Fehlende bestimmt die in Vitriolsäure auflöslichen Theile.

Hat man einmahl in seinen Feldern: das oben und unten liegende Erdreich also geprüfet, und die Resultate in einem besondern Buche aufgezeichnet; so ist man auf Zeitlebens, wenn dabey die Dung- und Verbesserungsmittel jederzeit nach den Bedürfnissen der erbauten Gewächse und des vor sich habenden Erdreichs eingerichtet werden,

den, dieser Mühe überhoben, und man kann ohne alle Gefahr, da wo es die Umstände erlauben, seine Felder nach Gefallen so tief als die Wurzeln der erbauten Gewächse zu geben pflegen (ein Wink, den die Natur nicht umsonst gab), bearbeiten lassen.

Nach diesem Plan hätte demnach jeder Oekonom sich mit folgenden wenigen Geräthschaften und Materialien zu versehen:

1) mit reiner Vitriolsäure;
2) mit dopppeltem Scheidewasser;
3) mit Pottasche, besser: Weinsteinsalz, und
4) mit einigen gläsernen, oder thönernen ganz glasirten Trichtern; 2. bis 3. Bouteillen mit weiten Mündungen; Fließpapier, wozu ungeleimtes Druckpapier am besten ist; Wage und Gran-Gewicht.

Die Vitriolsäure kann in jeder Apotheke und Materialhandlung, entweder bereits verdünnt, oder unverdünnt unter dem Nahmen: Vitriolöhl, erkaufet werden. Man handelt am besten, wenn man lezteres nimmt, es selbst in einem Gefässe von Porzellan oder Steinguth, mit dreymahl so viel Regen- Schnee- oder reinen Brunnenwasser nach und nach, weil beede Körper sich mit einander erhitzen, vermischet, und dann, wenn alles erkaltet ist, in einem Glase aufbewahret.

Das Scheidewasser wird auch aus Apotheken, aber nicht allezeit ächt, d. h. rein von Vitriolsäure, erhalten. Da nun lezteres Anlaß zu sehr vielen falschen Schlüssen geben kann, so macht man vor der Anwendung desselben folgende Probe. Man schüttet in ein helles Glas ohngefähr ein Quint des erkauften Scheidewassers, und krazt in solches eine Messerspitze voll Kreide ein; löset sich solche ganz, ohne alle Trübung — ohne das mindeste Zurückbleibsel auf, so ist solche als ächt ohne Anstand zu gebrauchen; erfolget

aber

aber das Gegentheil, so ist das Scheidewasser mit Vitriolsäure verunreiniget, und kann also nicht benutzet werden.

Die Pottasche, oder das Weinsteinsalz, welches leztere reiner ist als erstere, und dahero den Vorzug vor solchem verdienet, beziehet man gleichfals aus Apothecken oder Materialhandlungen. Man verfähret mit dessen Zurüstung zum Gebrauch also: Ein halb Pfund kalcinirter Pottasche wird mit $1\frac{1}{2}$ Pfund kaltem Wasser in einem Hafen übergossen, alles wohl umgerührt, nach Verfluß von 2. Tagen durch Fließpapier filtrirt, und das durchfiltrirte in einem Kruge, bezeichnet: aufgelößte Pottasche, aufbewahret; das im Papier zurückgebliebene bestehet aus fremdartigen Salzen, und wird zum Düngen, da es grösten theils vitriolisirter Weinstein ist, aufbewahret.

Diejenigen Freunde: nahe oder entfernte, welchen es an Gelegenheit, diese Stücke ächt zu erhalten, fehlen sollte, können sich diesfals an mich wenden, und ich werde ihnen sogleich entweder selbst alle die benöthigten Stücke: Vitriolsäure, Scheidewasser, aufgelößte Pottasche, gläserne Trichter, Filtrirtuten, Wage und Gewicht, nebst einer Erklärung des lezteren und ihrer sonstigen Umstände ohne allen Eigennutz, gerade so wie ich diese Stücke im Grosen verkaufe, übermachen, oder aber durch meine ihnen am nächsten wohnende chymische Freunde, zusenden lassen.

Da ich von vielen Gegenden her von Zeit zu Zeit ganze Verschläge und Schachteln mit Steinen und Erden gefüllt erhalte, und dieses meinen entfernten Gönnern allerdings beträchtliche Unkosten verursachet, so habe ich mich theils, um dieses beschwerliche Versenden der Gebürgsarten (denn von Ackererden, zu deren Untersuchung ich fernerhin mit Vergnügen bereit bin, sind 2. 3. Loth zu meinen Versuchen hinreichend genug) zu vermeiden, theils aber den Freunden der Landwirthschaft

schaft die gänzliche und vollkommene Benutzung ihrer Landesprodukte, in Rücksicht des Mineralreichs bewirken zu helfen, entschlossen, nachfolgendes zu veranstalten:

Ich bin nehmlich gesonnen, eine sehr vollständige Sammlung aller mineralischen Dung- und Verbesserungsmittel: eine Sammlung also aller brauchbaren Gebirgsarten, Steine, Märgel- und Erdarten, erdicht- salzicht- und metallischer Mischungen, als ein Cabinet für den Landwirth, herauszugeben.

Die darinnen befindlichen Stücke sollen alle nach den Bestandtheilen geordnet, das Procent ihrer in Vitriolsäure und Scheidewasser auflöslichen Theile bestimmt, und in einer besonders hierzu beygefügten Schrift Anleitung zu deren Gebrauch, so viel ich nehmlich noch ausser dem bereits in diesem Werke Gesagten etwas zu bemerken habe, gegeben werden. Jeder Landwirth und Lehrer der Landwirthschaft, als für welche leztere auch dieses Cabinet vorzüglich brauchbar seyn wird, kan also dadurch selbst, durch blose Vergleichung, mithin ohne viele Mühe und Umstände mit allen den in seiner Gegend vorhandenen nützlichen Körpern des Mineralreichs — ihren Bestandtheilen und Wirkung bekannt werden, und dann solche ohne alles Risiko zur Verbesserung und Düngung seiner Felder anwenden.

Der Preis eines solchen Cabinets ist verschieden; der meines

1) in einem blosen Kasten von Tannenholz mit Fächern eine halbe Carolin, oder zwey französische Thaler,
2) in einem schön gearbeiteten und beschlagenen Schranke von Eichenholz mit vielen Schubladen versehen drey französische Thaler, oder 8 fl. 15 kr. rhn. und

3) in einem dergleichen eingelegten Schränkchen von Nußbaumholz vier französ. Thaler oder eine Carolin.

Die Verschläge zu Nro. 2. und 3. werden besonders bezahlt.

Man subscribiret hierauf bey mir, oder aber bey Herrn Pfarrer Mayer in Kupferzell, und dem Universitätsbuchhändler Herrn Palm in Erlangen. Die Cabinete werden durch Fuhrgelegenheiten eines, höchstens zwey Monate nach der Bestellung abgesendet. Bis Heilbronn am Nekar, Halle in Schwaben und Mildenburg sende ich sie frey. Denjenigen Freunden, die sich gütigst dafür verwenden wollen, werde ich alle nur mögliche Vortheile geniesen lassen.

Da die Sammlung beträchtlich ist, so wird man aus dem Preis, der gewiß gegen mehrere andere Cabinete sehr gering ist, absehen, daß ich mehr zu nutzen, als zu gewinnen, die Absicht habe.

Schlüßlich offerire ich noch meinen gütigen Lesern alle diejenigen Risse, Modelle, Werkzeuge, Saamen rc. die mein Schwiegervater, Herr Pfarrer Mayer so häufig und so vielfältig schon versendet hat, und versichere diesfalls schnelle und promte Bedienung.

I. Ue-

I.

Ueber

die Bestandtheile, Dungmittel, das Erdreich, und den Anbau der mehresten Gewächse des Ackerbaues.

Quae praesenti opusculo desunt, suppleat aetas.

QUINTILIANUS.

I.

Getraidearten.

1. Waizen. Triticum.

Man hat viererley Arten und sehr viele Abarten von Waizen; sie sind unter folgenden Namen bekannt:

1) Sibirischer Doppel-Waizen, pohlnischer Waizen. Triticum Polonicum, Linn. Sommerfrucht.

2) Wunderwaizen, Josephswaizen, vieljähriger Waizen. Triticum compositum. Sommer- und Winterfrucht.

3) Romanischer Waizen, großer, englischer Waizen, Bartwaizen. Triticum turgidum. Sommerfrucht.

4) Weißer, glatter, deutscher Winterwaizen. Triticum hybernum. Winterfrucht.

5) Sardinischer Waizen. Triticum Sardinicum. S. Fr.

6) Glatter, deutscher, Sommerwaizen. Triticum aestivum. S. Fr.

7) Clockwaizen. (Clock wheat.) W. Fr.

8) Dinkelwaizen, Winterspelz. Triticum Spelta hyberna. W. Fr.

9) Sommerspelz, Sommerdinkel. Triticum Spelta aest. S. Fr.

10) Spelzreiß, Emmer, Triticum Zea. S. Fr.

11) Einkorn, Peterskorn. Triticum monococcum. S. u. W. Fr.

Der eigentliche Waizen erfordert den Bestandtheilen zufolge ein Erdreich von 52 Procenten, und zwar: 37 Pr. in Scheidewasser und 15 Pr. in Vitriolsäure auflösbarer Erden.

Die Spelzarten so wie das Einkorn nehmen mit Feldern, wenn solche nur stark thonicht sind und mit Säuren wenig oder gar nicht brausen: mit Feldern also von minderer Güte vorlieb. Ersterem ist ein Erdreich von 37 bis 44 Procenten, nämlich: 20 bis 24 Procent an Scheidewasser und 17 bis 20 Pr. in Vitriolsäure auflösbarer Erden, und letzterem ein Feld von 20 Procenten oder 11 Pr. in Scheidewasser und 11 Pr. in Vitriolsäure auflösbarer Erdarten das angemessenste.

Man

Man hat bey Untersuchung der Güte des Erdreichs, wenn solches ein sogenanntes Lehmen-Thon- oder Schwerfeld ist, nur allein die Probe mit Scheidwasser zu veranstalten; ist es aber Sand- odes leichtes Feld, oder aber hat das Erdreich über 40 Pr. in Scheidewasser auflösbarer Theile, so müssen beyde Versuche, mit Scheidewasser und Vitriolsäure vorgenommen werden.

Ergiebt es sich aus der Untersuchung, daß Mangel an Erdarten die in Scheidewasser auflösbar sind, vorhanden ist, und hierunter zähle ich bey den Waizen- und Spelzarten Felder, die unter 12 Procent und bey dem Einkorn solche die unter 6 Pr. besitzen; so überfähret man sie entweder von 20 bis zu 37 Pr. mit Märgel, kalkartigen Abgängen rc. welche man mit dem 6ten Theil gebrannten oder ungebrannten Thon, der aber nicht unter 6 Pr. in Vitriolsäure auflösbarer Erden besitzen darf, vermischet; oder aber man streuet kurz vor oder währender Saat die erst und in der Folge beschriebenen zu zarten Staub gemachten Körper, so dichte als es möglich ist, alle 2, 3 Jahre auf: leidet das Erdreich aber an Thon- und Bittererde, also an Erdarten die in Vitriolsäure auflösbar sind, und besitzet 30, 40 Procente in Scheidwasser auflöslicher Theile; so überführet man es mit thonartigen Körpern bis es 15, 20 Pr. entspricht; oder aber man streuet alljährlich gepochten Thonschiefer, Backofen-Erde, gestossene Ziegel ꝛc. mit dem Saamen aus.

Zum Waizenanbau rathe ich übrigens nie: Felder, wenn solche unter 12 Procent in Scheidewasser, und unter 5 Pr. in Vitriolsäure auflösbare Theile besitzen; zum Spelzenanbau keine ärmer als zu 7 Pr. in Scheidewasser und 6 Pr. in Vitriolsäure auflöslicher Erden, und zum Einkorn keine geringern als von 3 Pr. in Scheidewasser, und eben so viel in Vitriolsäure auflösbarer Erden, zu nehmen.

Was die Dung- und Verbesserungsmittel anbetrift; so sind solche, da alle Arten und Abarten von Waizen aus Laugensalz, Koch- und Digestivsalz, vitriolisirten Weinstein, Gyps, Kalk, Thon- (Alaun-) Kiesel- Bittererde und Eisen bestehen:

1. Die Dungmittel:

a) für Felder von 30 bis 40 Procent in Scheidwasser und 12 bis 15 Procent in Vitriolsäure auflösbarer Erden:

1) Rindmist; 2) Gyps

2) Gyps;
3) Haalbötzig;
4) Klauen, Knochen, Hornspäne ꝛc.
5) Steinkohlen;
6) Abgänge von Scheidewasser Brauern, Salmiak-Fabriquen ꝛc.
7) Eisensteine welche Phosphorsäure, Eisen, oder Kalk-Bittererde und Eisen besitzen, und
8) Appatit (eine im Sächsischen entdeckte Gebürgsart, welche aus Phosphorsäure und Kalkerde bestehet.)

b) Für Felder von 10 bis 20 Procenten in Scheidwasser, und 6 bis 8 Procenten in Vitriolsäure auflösbarer Erden:

1) Schaaf, 2) Pferd, 3) Rind } Mist;
4) Thonartige Steinkohlen und Eisensteine;
5) Torfasche, und
6) die in lit. a. No. 2, 3, 4, 5, 7, angeführten Körper.

2. Die Verbesserungsmittel.

a) Für Felder die arm an Scheidewasser und reich an Vitriolsäure auflösbarer Erden sind:

1) Märgel, Kalkmärgel ꝛc.
2) Alle kalkartige Abgänge;
3) Kalk, und

4) Schlamm, Gassenerde ꝛc. von nicht weniger als 25, 30 Procenten.

b) Für Felder die arm an Vitriolsäure und reich an Scheidewasser auflösbarer Erden sind:

1) Letten, Thon, Lehmen ꝛc.

2) Thonmärgel, der nicht über 20 Procent Kalkerde besitzet;

3) Thon, Dachschiefer, Glimmer, Hornblende, Grünstein, Granithon, Schärl, und

4) Gepochte alte Ziegel und Backsteine, Backofenerde, Lehmenwände.

Was den Gebrauch des Kalks, der kalkartigen Abgänge und der Seifensiederasche anbetrift, so muß hiebey zuvor, weil hier leicht durch ein Uebermaaß Schaden zu wege gebracht werden kann, Rücksicht genommen und erwogen werden:

Erstlich, ob das Erdreich eine hinreichende Menge in Vitriolsäure auflösbarer Erden besitze; zweytens, ob es wirklich an kalkartigen und nicht an thonichten Erden darbe, und drittens, wie viel es hiervon zur Verbesserung bedürfe?

Bey der Wahl und Bestellung der zum Waizenbau erforderlichen Felder hat man Rücksicht zu nehmen:

1) In

1) In Ansehung der Wahl:

a) Auf gutes, wohlbestelltes und vom Unkraut so viel als möglich befreytes Feld;

b) auf mehr trocknes als feuchtes Erdreich, und

c) auf Felder, worauf das Wasser gut abgezogen werden kann.

2) In Ansehung der Bestellung:

a) Auf Saamen der vollkommen zeitig, groß und rein von Unkraut ist, und

b) auf Saamen, der nicht älter als 2 Jahre ist.

Die übrigen Regeln

α) daß man in gutem Erdreich nicht allzufrühe,

β) nicht allzudicke, und

γ) auf schlechtem Felde nicht zu späte säe;

δ) daß man im Frühjahr noch ehe warme Nächte kommen, das Unkraut ausjäten, und

ε) den Saamen wenn er allzufett steht, schröpfen lasse;

will ich hier nur erinnern, nicht aber beschreiben. Da dem Spelz und Einkorn die Nässe weniger schadet als dem Waizen, so bauet man erstern auf solchen Feldern, welche für den Waizen, wegen der Nässe, nicht taugen.

Die Getraidearten, also auch der Waizen, Spelz und das Einkorn, werden bekanntlich in Sommer- oder Winterfrüchte eingetheilt. Erstere werden im Frühjahr und letztere im Spätjahr ausgesähet.

Bey dem Waizen haben die Sommerfrüchte sehr viele Vorzüge, indem 1) der Sommerwaizen nicht so leicht ausfällt als dieser; 2) in gutem Erdreich besser schüttet; 3) nicht so vieler Gefahr unterworfen ist, und 4) noch als eine Vorerndte von den Brachfeldern gezogen werden kann. Der Anbau derselben verdient dahero, besonders da der Saamen einer und der nämliche ist, allgemeiner zu werden und dies vorzüglich da, wo 1) die Felder von vorzüglicher Güte sind, (denn schlechte taugen hierzu nicht); 2) mehr feucht als trocken, und 3) im Spat- oder Frühjahr Ueberschwemmungen ausgesetzt sind, oder aber die Winterfeuchtigkeit wegen ihrer Lage allzu lange bey sich behalten.

Den Spelz und Einkorn säet man häufig auf das ungepflügte Erdreich und pflüget (streichet)

chet) ihn sodann 2 Zoll tief unter; bey trockner Witterung und leichten Feldern ist dies vorzüglich anzurathen.

Die in Teutschland gebräuchlichen Waizen- und Spelzarten sind:

1) Weißer, glatter, teutscher Winterwaizen. Seine Bestandtheile sind: Kalk- Alaun- (Thon-) Kiesel- Bittererde, Eisen, Gyps, vitriolisirter Weinstein, Laugensalze, Koch- und Digestivsalz. Die salzigten Theile inclusive des Gypses dessen Gewicht beträchtlich ist, verhalten sich zu den erdichten wie 1 zu 3. Die Laugensalze zu den Mittelsalzen wie 1 zu 2 1/2. 100 Theile ausgelaugter Asche bestehen aus 52 Theilen auflösbarer und 48 Theilen unauflösbarer (Kiesel-) Erde, oder aber: aus 37 Procent in Scheidewasser und 15 Procent in Vitriolsäure auflösbarer Erde. Er ist dem gelben, röthlichen und Bartwaizen, weil er mehlreicher und das Mehl weißer ist als das von jenem, vorzuziehen.

2) Glatter, teutscher Sommerwaizen. Seine Bestandtheile sind den des Winterwaizens entsprechend.

3) Din-

3) Dinkelwaizen, Winterspelz. Er bestehet aus Gyps der so wie im Waizen in beträchtlicher Menge vorhanden ist, Digestiv, Kochsalz, vitriolisirten Weinstein, Laugensalzen, Kalk, Alaun, Kiesel, Bittererde, Eisen. Die salzichten Theile verhalten sich zu den erdichten wie 1 zu 4, die Laugensalze zu den Mittelsalzen wie 1 zu 3. 100 Theile ausgelaugter Asche bestehen aus 57 Theilen unauflöslicher (Kiesel-) und 43 Theilen auflöslicher Erde, oder aber: aus 25 Procent in Scheidewasser und 18 Procent in Vitriolsäure auflösbarer Theile. Der Anbau dieser Waizenart ist, weil sie die Winternässe und Kälte mehr verträgt, als gewöhnlicher Waizen, auch feineres und nahrhafteres Mehl giebt als dieser, recht sehr anzurathen. Sie versaget selten und nur im schlechtesten Felde findet man Spuren von Brand. Der einzige Fehler ist, daß der Saame von den Spelzen in besonderen Mühlen befreyet werden muß; ein Fehler, der aber auf der andern Seite, und dieß vorzüglich weil er bey der Erndte wenig Verlust giebt, 10fach wieder ersetzet wird. Wo Spelz mit Roggen

gen (Korn) ausgesäet wird, pflüget man entweder den Spelz zuvor unter, säet dann den Roggen auf und egget ihn unter; oder: man säet sie beyde vermischt aus, und sorget dann daß beym Eggen der Saame nicht zu tief hinab komme, weil dieses dem Roggen schädlich seyn würde.

4) Emmer, Spelzreiß, welscher Dinkel. Er bestehet aus Gyps, Digestiv- und Kochsalz, vitriolisirten Weinstein, Laugensalzen, Kiesel- Thon- Kalk- Bittererde und Eisen. Die salzichten Theile incl. des Gypses der 1/3 des Gewichts ausmacht, verhalten sich zu den erdichten wie 1 zu 5 1/2, die Laugensalze zu den Mittelsalzen wie 2 zu 3. In 100 Theilen ausgelaugter Asche sind 62 Procent unauflösbare und 38 Procent auflösbar eErden, oder aber 21 Procent in Scheidwasser und 17 Procent in Vitriolsäure auflösbare Erdarten, vorhanden. Man säet ihn mit dem Hafer aus, und erhält auf gutem Felde von obigen Procenten die ergiebigsten Erndten. Zu Graupen, welche den Vorzug für allen andern haben und den Reiß wo nicht über-

tref-

treffen, doch sehr nahe kommen, wird er am nützlichsten verwendet.

5) Sommerspelz, Sommerdinkel, Vesen. Seine Bestandtheile sind die von den des Winterspelzes nicht verschieden. Auf gutem Felde ist sein Anbau sehr vortheilhaft, und der Ertrag ganz von dem, den man von schlechten Feldern erhält, verschieden.

6) Einkorn, Peterskorn. Es besteht aus sehr vielem Gyps der 3/5 des Gewichts beträgt, aus Laugensalz, Digestivsalz, vitriolisirten Weinstein, aus Kiesel, Thon, Kalkerde und Eisen. Die salzigten Theile verhalten sich zu den erdichten wie 1 zu 5, das Laugensalz zu den Mittelsalzen incl. des Gypses wie 1 zu 3 1/2. 100 Theile ausgelaugter Asche bestehen aus 78 Procenten unauflöslicher (Kiesel-) Erde und 22 Procent auflöslicher; letztere aber aus 11 Peocent in Vitriolsäure und 11 Procenten in Scheidwasser auflöslicher Theile. Es gedeihet auch auf dem schlechtesten Felde und dies vorzüglich alsdann, wenn man es gegypset und mit Asche gedünget hat; wird es aber auf gutem Erdreich angebauet,

so

so ist es dankbar für diese Pflege und schüttet nicht selten reichlicher als Spelz. Ich empfehle es zum Anbau allen Landwirthen sehr.

Dies wären nun die vorzüglichsten in Teutschland aufgenommenen Waizenarten. Mehrere berühmte Schriftsteller empfehlen ausser diesen dem teutschen Landwirth die Aufnahme:

1) des sibirischen Doppelweizens, welcher als Sommerfrucht in Frankreich rühmlichst bekannt ist und mit vielem Nutzen gebauet wird. Die Aehren sind 6 Zoll lang und enthalten sehr schwere mehlreiche Körner, welche mehreres und besseres Mehl, als gewöhnlicher Waizen, liefern.

2) Des Wunderwaizens, eines in Ungarn, Italien und England stark angebauten Getraides, welches als Sommer- und Winterfrucht auf gutem Erdreich das 50te Korn giebt und dahero sehr nützlich ist. Jede Aehre hat 4, 5 Nebenähren und starke hohe Halmen; die Körner fallen nicht leicht aus und geben weisses und schönes Mehl.

3) Des romanischen Waizens.

4) Des

4) Des sardinischen Waizens. Beyde Waizenarten sind Sommerfrüchte, werden frühzeitig gesäet und umstocken sich stark. Ein Korn giebt 4 bis 8 Aehren. Die Aehren des romanischen Waizens halten 50, 60 bis 70 Körner und diese liefern weisses sehr brauchbares Mehl.

Eine vorzügliche Hinderniß bey dem Waizenanbau ist der Brand. Vieles ist hierüber und dafür geschrieben, gestritten und vorgeschlagen worden; jener suchte die Ursache in der Nässe, ein anderer in der Witterung, ein dritter im Saamen, ein vierter in der Lage des Feldes und ein fünfter in dem Unterschied des Erdreichs. Die Vorschläge, diesem Uebel zu steuren, sind dahero auch so wie die Erfahrungen hierüber sehr verschieden. Hier erklärte man einen Vorschlag für erprobt, und dort redete man von dem Gegentheil. Wer vermag nun hier bey so großem Widerspruch zu entscheiden? Erdreich, Lage, Witterung, was können nicht diese auch bey dem besten trockensten Saamen erzielen? Fehlet dem Erdreich ein dem Waizen nöthiger Bestandtheil, darbet es hieran, oder hat es von dem einen zu viel und von dem

andern

andern zu wenig; was kann und muss hier nothwendig anders als eine Unvollkommenheit der Körner erfolgen?

Ist die Lage der Natur des Waizens nicht angemessen, d. h. ist der Acker sumpficht, naß, behält er die Feuchtigkeit, wie dies auf stark thonichten Felde geschiehet, allzu lange bey sich: oder aber, ist die Witterung bey der Saat, bey der Blüthe rc. ungünstig; so folgt dies nämliche: das Wachsthum ist unvollkommen und die Körner werden nothwendig brandich. Mich dünkt, man habe die Ursache des Brandes 1) in der widernatürlichen Lage der Felder, worunter ich allzu viele Feuchtigkeit verstehe; 2) in dem Mangel an gehörigen Bestandtheilen, und 3) in dem Saamen selbst, wenn solcher erstickt, überhaupt also nicht gehörig getrocknet ist, zu suchen.

Wie vermeidet man nun also dieses Uebel? Man erwählet Felder, welche

1) nicht zu feucht sind, und auf welchen das Wasser gehörig abgeleitet werden kann;

2) solche die zu einem guten Felde erforderlichen Bestandtheile besitzen, und nimmt

zur Saat den besten wohlgezeitigten Saamen.

Hat man aber keine gutartige Felder, fehlt es an Gelegenheit solchen die erforderliche Vermischung zu geben, und will man diesen ohngeachtet Waizen erbauen, so suche man nur dem 1ten und 3ten Punkt zu entsprechen, und säe den Saamen, wenn es an Kalkerde fehlet, mit 4, 5mal so viel Asche, Kalk rc. fehlet es an jenen in Vitriolsäure auflösbaren Erden mit thonichten Körpern vermischt, aus; setze den 6ten Theil Gyps, Dornschlag rc. hinzu, lasse dann den Saamen einegggen und ihn, wenn er einer Hand hoch erwachsen ist, mit erdichtem Dungsalz bestreuen; oder aber glaubt man den Tag der Saat gewiß in Betreff der Witterung bestimmen zu können, so weichet man den Saamen kurz vor der Saat in Wasser, worinn etwas ungelöschter Kalk geleget worden, ein, vermischt ihn, wenn er etwas abgetrocknet ist, mit gesiebter Asche, es sey solche ausgelaugt oder unausgelaugt, oder aber mit zart gestossenem Märgel und nach Beschaffenheit des Erdreichs mit thonartigen zermalmten Körpern, säet ihn also aus, streuet gleich darauf, noch vor dem Eggen 5, 6mal so viel als das Maas des Saamens

be-

beträgt, dergleichen kalk- oder thonartige Vermischungen, welche man mit 1/6 Gyps und etwas Kochsalz vermischet hat, und egget dann alles unter.

2. Roggen. Korn. Secale Cereale.

Man erbauet fünferley Gattungen von Roggen:

1) Wallachischen Roggen. Secale cereale Wallachicum.
2) Teutschen Winterroggen. Secale cereale hybernum.
3) Teutschen Sommerroggen. Secale cereale aestivum.
4) Johanniskorn. Secale cereale S. Ioannis.
5) Staudenkorn. Secale cereale multicaule.

Nr. 2, 3 und 5 sind in Teutschland vorzüglich; Nr. 1 und 4 aber wenig oder gar nicht bekannt.

Die hier angezeigten Roggenarten kommen den Bestandtheilen nach, so weit ich dieses aus den Untersuchungen von Nr. 2, 3 und 4 schliessen kann, sehr überein, und bestehen aus Gyps, der 2/3 des Gewichts der Salze beträgt, vitriolisirten Weinstein, Laugensalz, Dige-

 stivkalysalz, Kiesel, Thon, Kalk, Bittererde, Eisen, Braunstein.

Die salzichten Theile verhalten sich zu den erdichten wie 1 zu 8, das Laugensalz zu den Mittelsalzen wie 1 zu 4. 100 Theile Asche bestehen aus 36 Proc. auflösbarer und 63 Procent unauflösbarer Erde, oder aber: aus 16 Procent in Vitriolsäure und 21 Proc. in Scheidewasser auflöslicher Theile.

Das beste Erdreich für den Roggen ist also dasjenige welches aus 20, 25 Proc. in Scheidewasser und 16 bis 20 Proc. in Vitriolsäure auflöslicher Erden bestehet.

Bey schweren Felde, also bey Thon, Lehm, oder Lettenboden ist die Probe mit Scheidewasser hinreichend; führet ein dergleichen Erdreich aber über 30 — 35 Procente in Scheidewasser auflöslicher Erden, so muß es auch mit Vitriolsäure geprüfet und dann, im Fall es an dergleichen Erdarten Mangel leiden sollte, solche zuvor entweder ersetzet, oder der Ueberfluß der in Scheidewasser auflöslichen Erden durch den Anbau solcher Gewächse die dergleichen Erdarten in grosser Menge bedürfen, weggenommen werden. Uebrigens ist es gleichgültig, ob das

Erd-

Erdreich leicht, Sand, oder Schwerfeld sey, besitzet es die erforderlichen Erdarten, so ist es zum Anbau allezeit geschickt.

Felder von 5 Proc. in Scheidewasser und 4 Proc. in Vitriolsäure auflösbarer Erden, sind immerhin noch mit Nützen anzubauen, jedoch müssen hier die Dungmittel zur gehörigen Zeit und in erforderlicher Menge gegeben werden.

In einem gut bearbeiteten Land von gehöriger Mischung, breiten Beeten und guten Wasserfurchen wird bey etwas erdichtem Dungsalz der Roggen 6 bis 8 Schuh hoch, und liefert die reichlichsten Erndten. Man säet ihn entweder allein, oder aber mit Spelz, Waizen oder Einkorn vermischt aus. Da der Roggen früher zeitiget als diese Gewächse, und dahero sehr stark ab- und ausfällt, so scheinet mir diese Gewohnheit eben nicht die best ausgedachteste zu seyn. Würde man auf trockenen Feldern den Roggen, und auf feuchten oder nassen den Spelz jedes einzeln aussäen, so würden die Erndten allerdings ergiebiger bey gleicher Aussaat ausfallen.

Die oben benahmten Spielarten von Roggen werden in Sommer- und Winterfrüchte eingetheilet. Letztere werden häufiger als erstere angebauet. Man wählet zu der Sommersaat die schlechtesten, zur Wintersaat aber die besten Felder. Dies Verfahren ist aber grundloß und gänzlich falsch, denn das Sommerkorn bedarf zugleich besseres Land als das Winterkorn, weil es minder tiefe Wurzel zu schlagen im Stande ist, und dahero bey dem Mangel an erforderlichen Bestandtheilen nothwendig darben muß. Man wendet einerley Saamen an.

Ehe ich zur Bestimmung der den Bedürfnissen des Roggens entsprechenden Dungmittel übergehe, will ich in der Kürze die Vorzüge erzählen, welche der Roggen als Sommerfrucht betrachtet, für der Winterfrucht hat, und dann die Feldungen nennen welche hierzu am vortheilhaftesten erwählet werden.

Der Roggen leidet bekanntlich im Winter sehr durch Nässe und Kälte, und wird auf Feldern die im Frühjahr und Herbst den Ueberschwemmungen ausgesetzt sind, jederzeit zernichtet. Bey der Sommerfrucht hat man alles dieses nicht zu besorgen, und erndtet dennoch, wenn die Felder guter Art sind, nicht allein eben so viel ja nicht selten noch mehr als von

jenen,

jenen, sondern erhält auch ein zur Fütterung brauchbareres Stroh.

Die Feldungen hierzu dürfen nicht unter 12 Procent in Scheidewasser und 8 Procent in Vitriolsäure auflösbare Erde besitzen. Man erwählet hierzu solche die aus den angeführten Gründen zur Wintersaat nicht gar tauglich sind, läßt sie gut bauen und so früh als möglich ist einsäen.

Was nun die Dung- und Verbesserungsmittel anbelangt, so sind solche, und zwar

1) die Dungmittel:

a) Schaaf-, b) Pferd-, c) Rind- } Mist;
d) Gyps, Dornschlag;
e) Haalbötzig, Pfannenstein;
f) Knochen, Hornspäne, Klauen, Apatit;
g) Abgänge von Salmiak- und Scheidewasser-Fabriquen;
h) Eisensteine, vorzüglich solche, die Phosphorsäure oder Wassereisen besitzen; und
i) Steinkohlen.

2) Die Verbesserungsmittel:

a) Für Felder, die arm an in Scheidewasser und reich an in Vitriolsäure auflösbaren Erden sind:

1) Seifen-, Pottaschen- und Salpetersieder-Asche;

2) alle kalkartige Körper, roh oder gebrannt;

3) Märgel, der nicht unter 40 Proc. auflösbarer Erden besitzet; und

4) Teichschlamm, Gassenerde rc. von gleicher Eigenschaft.

b) Für Felder, die reich an in Scheidewasser und arm an in Vitriolsäure auflöslichen Erdarten sind:

1) Thonmärgel der nicht über 15 Procent Kalkerde besitzet;

2) gepochte Thonschiefer, Ziegel, Backsteine;

3) Backofenerde, Lehmenwände;

4) Letten, Thon, Lehmen;

5) Schlamm aus Seen, Sümpfen und Gräben, der, wie es sehr häufig statt findet, wenig mit Säuren brauset.

Mit allen diesen Verbesserungsmitteln werden entweder die Felder so stark vermischt bis die Mischung den angezeigten Procenten entspricht; oder aber, man streuet von ihnen allezeit nach der Saat, so viel als es die Umstände erlauben, auf; in wenigen Jahren ist so ein Feld vollkommen hergestellt.

3. Gerste. Hordeum.

Man hat 10 bis 12 Arten und Abarten von Gerste, 7 davon sind dem Landwirth wichtig. Es sind solche:

1) Gemeine vierzeilige Sommergerste. Hordeum spica subdisticha vulgare L.

2) Sechszeilige Herbst- oder Wintergerste, rothe Gerste, Roll- oder Stockgerste. Hordeum Hexastichon.

3) Zweyzeilige Sommergerste. Hordeum distichon L.

4) Bartgerste, Reißgerste. Hordeum Zeocriton.

5) Große Himmelsgerste, zweyzeilige nakte Gerste. Hordeum distichon nudum.

6) Kleine Himmelsgerste, vierzeilige, Egyptischkorn. Hordeum coeleste.

7) Staudengerste, Blattgerste. Eine Abart der zweyzeiligen Gerste.

Alle die von mir untersuchten Gerstenarten kamen den Bestandtheilen nach, sehr mit einander überein; ich fand in ihnen:

Gyps, vitriolisirten Weinstein, Digestivsalz, Laugensalz, Kiesel, Thon, Kalk, Bittererde, Eisen. Die salzichten Theile verhalten sich zu den erdichten wie 1 zu 7.; das Laugensalz zu den Mittelsalzen incl. des Gypses wie 1 zu 1 1/2. 100 Theile ausgelaugter Asche bestehen aus 69 Theilen unauflöslicher und 31 Theilen auflöslicher Erde, oder bestimmter: aus 15 Procent in Scheidewasser und 16 Procent in Vitriolsäure auflöslicher Erde.

In vorzüglich fruchtbaren Ländern, z. B. in Egypten treibet ein Korn durchgehends 20 Aehren. Obigen Bestandtheilen zufolge ist dahero ein Erdreich das 30—35 Procenten auflösbarer Erden überhaupt entspricht, oder welches aus 16 Proc. in Scheidewasser und 15 Proc. in Vitriolsäure auflöslicher Erde bestehet, das willkommenste. Ob das Erdreich Sand, leicht oder Schwerfeld seye, daran liegt, wenn dieses nur die erforderlichen Erdarten besitzet, nichts. Der Boden muß wenigstens 3mal gut und tief ge-

gepflüget und mit Wasserfurchen, weil allzu viele Nässe der Gerste schädlich ist, versehen werden.

Man säe so früh als es die Witterung erlaubet, jedoch so, daß der aufgegangene Saame nicht erfrieret. Die späte Saat ist, man müßte denn im Junius feuchte Witterung vermuthen, mißlich; denn Trockne so wie Nässe hindert das Wachsthum derselben. Man säet sie am besten in Korn- oder Waizenstoppeln, welche man gleich nach der Erndte so schmalfurchig als möglich stürzet, und dies, wo es seyn kann, noch vor Winters einmal wiederholt. In frischen Dünger sie zu säen, ist theils, weil Waitzen und Korn ein besseres Feld verlangen und mehr eintragen, theils die Gerste einen widrigen Geschmack erhält, schädlich.

In Rücksicht des Saamens hat man auf die Güte und Reinigkeit desselben vorzüglich zu sehen, und ihn vor der Saat einige Tage lang in Gülle einzuweichen. Ist das Land schlecht, so ist dieses sehr nöthig und das bey dem Waizen beschriebene Verfahren von vorzüglichem Nutzen. In gutem Lande säe man ja nicht zu dicke, weil dieses das Umstocken verhindert, und ist das Erdreich leicht und trocken zu besorgen, so lasse man solche nach einem etwaigen Regen, wenn der Saame eines Fingers lang gewachsen, gut walzen.

Bey der Erndte ist der noch an vielen Orten übliche Gebrauch, die Gerste so lange liegen zu lassen, bis sie beegget worden, dies ist einer der größten Fehler, wodurch die reichlichsten Erndten zernichtet werden. Die beste Methode ist diese: man mähet oder schneidet sie sobald sie zeitig ist, des Morgens, und zwar noch, ehe es warm wird, ab, und bringet sie des Abends nach Haus. Ist Klee mit der Gerste ausgesäet worden und derselbe hoch gewachsen; so gehet dieses, obwohl zum Nachtheil des Landwirths, nicht an, weil sonsten die Gerste in der Scheune verfaulet. Aus dieser Ursache ist es dahero rathsam den Klee auf Gerstenfelder nie zu erbauen, sondern ihn in Hafer zu säen.

Da das Hochwild der Gerste nicht schadet, so nehmen verständige Landwirthe, wenn sie dergleichen Felder besitzen, solche zu deren Anbau. Man theilet die Gerste bekanntlich ein, in Winter- und Sommergerste; unter ersterer verstehet man die zweyte und vierte, welche jedoch auch als Sommerfrüchte gebrauchet werden, und unter letzterer die übrigen Arten. Der Anbau der Wintergerste ist mißlich; nasse Herbste und veränderliche Winter schaden ihr, ist aber der Herbst und Winter gut, so hat man treffliche Erndten; ich empfehle hiezu die Staudengerste vorzüglich, weil diese die Nässe mehr als irgend eine Getraideart vertragen kann.

Ich betrachte hier, ehe ich von den Dung- und Verbesserungsmitteln rede, die verschiedenen Arten und Abarten von Gerste, ihren Eigenschaften gemäß jede besonders:

1) Die gemeine vierzeilige Gerste auch Himmelsgerste genannt, wird sehr stark angebaut und insgemein, oftmalen wie ich dies mit der Erfahrung bezeugen kann ohne Noth und Vortheil, später als die große gesäet. Ihre Körner sind kleiner und dahero nicht so brauchbar als die der zweyzeiligen Gerste. Ist das Erdreich vorzüglich gut, so erhält sie 6 Zeilen. Sie schüttet übrigens stark.

2) Sechszeilige Herbst- oder Wintergerste. Diese wird entweder um Michaelis oder aber in April gesäet und ist schon um Jo-

Johannis fertig. Sie bedarf ein vorzüglich gut bearbeitetes Feld.

3) Zweyzeilige Sommergerste. Ihr Anbau ist sehr allgemein. Man säet sie im April; sie reift früh, trägt reichlich, ist dünschälig, mehlreich, und zur Graupe und dem Malze sehr brauchbar. Auf schlechtem Erdreich, wenn solches nur 2, 3 Proc. in Scheidewasser auflößlichen Theile besitzet, gedeyhet sie zwar auch, allein kaum erreichet sie daselbst eine Höhe von 8 Zoll und bezahlet den Anbau nicht. Sie wird mit Recht der vierzeiligen vorgezogen.

4) Bart-Reißgerste. Wird in England und Frankreich vorzüglich stark angebaut. Man ziehet sie allen andern Arten vor, weil sie auch im besten Erdreich nicht zu stark ins Stroh wächst, viel Körner trägt, und die Aehren beständig aufgerichtet bleiben. Sie legt sich weder von Nässe noch Regen. Man säet sie im April, die Körner sind schwer, mehlreich und geben ein dem Waizen ähnliches Mehl.

5) Große Himmelsgerste ist eigentlich eine Abart von Nr. 3. wird im April gesät; die Körner sind groß und mehlreich, sie schüt-

tet

tet 20 bis 30 fältig, das Mehl ist ziemlich weiß und giebt mit der Hälfte Roggenmehl vermischt, ein sehr nahrhaftes Brod. Zum Brandwein und Bier ist sie unverbesserlich.

6) Kleine Himmelsgerste ist eine Abart von Nr. 1. und jener vorzuziehen. Sie dienet vorzüglich zum Gries, fällt aber gerne aus. Die Behandlung ist übrigens wie Nr. 1. gesagt worden.

7) Staudengerste, Blattgerste. Eine Abänderung der zweyzeiligen Sommergerste. Sie bestaudet sich stark, reift frühe, und kann die Nässe vorzüglich gut vertragen.

Die Dung- und Verbesserungsmittel anbelangend, so sind solche:

I. Die Dungmittel.

1) Rind-
2) Pferd- } Mist;
3) Schaaf-
4) Gyps, Dornschlag;
5) Haalbötzig;
6) Torf- Holz- Rebenasche;
7) Knochen, Hornspäne, Apatit;
8) Abgänge von Scheidewasserbrennen;

9) Abgänge von Salmiak Fabriquen;
10) Eisensteine jeder Art;
12) Steinkohlen.

2. Die Verbesserungsmittel.

A. Für Felder die arm an in Scheidewasser und reich an in Vitriolsäure auflöslichen Erden, sind:

1) Seifen, Pottaschen, und Salpetersiederasche;
2) Alle kalkartige Abgänge;
3) Märgel, der nicht unter 40 Procent auflöslicher Erden besitzet;
4) Teich- und Bachschlamm von nicht weniger als 30 Procenten.

B. Für Felder, die reich an in Scheidewasser auflöslicher und arm an in Vitriolsäure auflösbarer Erden sind:

1) Thonmärgel der nicht über 15 Proc. Kalkerde also in Scheidewasser auflöslicher Erdarten besitzet;
2) Gepochte Thonschiefer, Ziegel, Backsteine, Schörl, Granitthon, Backofenerde &c.
3) Letten, Thon, Lehmen;
4) Thonartigen Schlamm aus Seen und Sümpfen, der also wenig mit Säuren brauset.

4. Ha-

4. Hafer, Haber. Avena.

Man zähler 21ley Arten von Hafer, wovon drey nebst ihren Abarten den Oekonomen bekannt sind. Es sind solche:

1) Gemeiner Hafer. Avena sativa paniculata, eine in Europa allgemein angebaute Art. Man hat von ihm verschiedene Abarten:

a) Schwarzen Hafer, Schwarzhafer, Augusthafer. Avena nigra. Die Körner desselben haben eine schwarze Farbe, sind groß, rundlich und geben an Größe und Schwere einer schlechten Gerste nichts nach. Er reifet, wenn er frühe gesäet wird, im August. An Größe und Nahrung ist er besser als Landhafer, giebt aber wenige an Stroh. Nach Haller und Linne ist er eine Abart des weißen Hafers, und verwandelt sich auch wieder, wenn er in einen andern als lehmigen Boden gesäet wird, in diesen. In hohen bergicht- und waldichten Gegenden wird er vorzüglich gebauet. Eine Abänderung von ihn macht:

b) der Eichelhafer. Dieser ist dadurch von dem schwarzen Hafer verschieden, daß er 1) eine härtere, dickere Schale hat; 2) größtentheils

theils weiß wird, und 3) daß Stroh etwas größer und stärker ist als das von jenem. Diese beyde Hafergattungen passen vorzüglich für solche Gegenden, wo 1) der gewöhnliche weiße Hafer nicht zur Zeitigung gelangen kann, und 2) wo die Wildpretsplage Mode ist.

c) Englischer weißer Hafer. Dieser übertrift alle an Größe und Schwere der Körner. Er hat einen starken Wuchs, dicke rohrartige Halme, mehlreiche Körner und versaget auch in mißlichen Jahren nie. Er giebt das 15. 18te Korn. Zur Grütze und zum Bier ist er vortreflich, und das von ihm erhaltene Stroh ist ein sehr gutes Futter für alles Vieh, vorzüglich für Pferde und Schaafe. Man weichet ihn vor der Saat in Mistgauche einen Tag ein, säet ihn ganz dünne und egget ihn etwas tief ein. Wird er über Winters gebauet, so werden die Körner noch schwerer.

d) Ungarischer, türkischer, welscher Hafer. Dieser kommt ganz mit dem englischen überein, und scheinet eine und die nämliche Art zu seyn.

e) Gemeiner weißer Hafer, Merzhafer. Dieser ist in Teutschland der gewöhnlichste. Er wird, so bald man in den Boden kommen kann, größtentheils im Merz gesäet.

f) Grauhafer, Bart-Sandhafer. Diese Sorte ist leichter als alle andre. Der Saamen ist lang und giebt beym Ausmessen viel Vortheil. Man bauet ihn häufig in steinichten, kalten Gegenden, indem er den Frost ungemein gut vertragen kann. Er ist den Pferden sehr willkommen und nähret gut; auch als grünes Futter ist er, vorzüglich auf Sandland, dem Klee vorzuziehen. Man säet ihn mit etwas Wicken aus und kann ihn schon, wegen der frühen Saat, zu Ende May abmähen; er wächst dann noch 1, auch 2mal nach und füttert sehr gut.

g) Rothen und braunen Hafer. Dieser gehöret zu dem Eichelhafer; hat harte, schwere und volle Körner.

h) Morgenhafer. Dieser ist von dem weissen Hafer in nichts verschieden.

i) Zeilenhafer. Die Körner dieses Hafers hangen nur auf einer Seite der Rispe. Dieses

ses ist aber blos zufällig und verändert sich in der Folge wieder.

2) Türkischer Hafer, hat so wie der L. i. seine Körner auf einer Seite, bekommt 10, 15 lange Halme, dicke Blätter, futterreiches Stroh und ziemlich große Körner. Er ist nach dem Englischen der beste. Er muß früher als der weiße Hafer gesäet werden, weil er später reift.

3) Nackender Hafer, Weißhafer, Grützhafer. Diese Haferart vermehrt sich reichlich, giebt aber kleine Körner welche nahrhaft und wohlschmeckend sind. Wenn er gedroschen ist, kommen die Körner nackt und ohne Hülsen heraus und geben also eine natürliche Hafergrütze; er fällt aber leicht aus. Man säet ihn im May und schon im August wird er reif.

Was die Bestandtheile der Haferarten anbetrift, so fand ich aus der Untersuchung mehrerer Arten und Abarten derselben, daß die vielfältigen Ausartungen allein von einem plus et minus von Thon- Kiesel- und Kalkerde herrühren. Die eigentlichen Bestandtheile des gemeinen weissen Hafers, des türkischen Hafers und Eichelhafers, aus welchen ersteren die übrigen Arten und Gattungen abzustammen scheinen, fand ich aus folgenden bestehend: Gyps der 2/3 des Gewichts der salzichten Bestandtheile ausmacht, Laugensalz, Digestivsalz, vitriolisirter Weinstein, Kiesel- Kalk- Alaunerde, Eisen, Braunstein. Die erdichten Theile verhielten sich zu den salzichten incl. des Gypses der 3/4 beträgt wie 8 zu 1. Das Laugensalz zu den Mittelsalzen ohne den Gyps, wie 1 zu 15; das Verhältniß der erdichten Theile war verschieden. In 100 Theilen ausgelaugter Asche von weissen Hafer der im besten Felde stund, fand ich, so wie in der Asche von türkischem Hafer 32 Proc. auflösbare und 68 Proc. unauflösbare Erden, oder 6 Proc. in Vitriolsäure und 26 Proc. in Scheidewasser auflöslicher Erden; und in gleicher Menge ausgelaugter Asche von Eichelhafer: 23 Proc. auflösbarer und 77 Procent unauflösbarer Erden, oder aber aus 8 Proc. in Vitriolsäure und 15 Proc. in Scheidewasser auflöslicher Erde.

Den Bestandtheilen und der Untersuchung mehrerer Ackererden zufolge, in welchen der Hafer dem Schilfe ähnlich aufwuchs, ist ein Erdreich von 30 Procenten in Scheidewasser und 10 Proc. in Vitriolsäure auflösbaren Erden zum Haferanbau das beste. Man vernachlässiget dadurch den Anbau des Hafers sehr, daß man sowohl das schlechteste als auch das unbearbeitetste Feld allein für ihn aufbewahret, dadurch schlechte Erndten erlanget und so ihn immer mehr und mehr zu den verächtlichsten Gewächsen, in Ansehung des Ertrags, herabsetzet. Man muß, wenn sein Anbau ergiebig seyn soll, folgendes bey Saat und Erndte beobachten:

1) Wählet man hierzu ein nicht allzufeuchtes Erdreich, denn dieses kann er minder als Waizen und Roggen vertragen;

2) läßt man dieses noch vor Winters tief stürzen, weil der Hafer sehr tief wurzelt, in breite Beete schlagen, und dann vor der Saat das Feld noch einmal bestellen.

3) Ist das Erdreich mit Dungmitteln versehen, der Saame, wozu man den besten erwählet, ausgesäet, und dann 3/4 Zoll hoch erwachsen, so überfährt man solchen bey schollicht oder sandichtem Erdreich mit einer hölzernen Walze, damit die Erde den Wurzeln angedruckt werde. Ist er

4) 1 bis 2 Hände hoch gewachsen und mit Hetterich, der ihm sehr schadet, versehen; so überfährt man ihn mit einer Egge. Der Hetterich wird hierdurch ausgerauft und größtentheils zernichtet, dem Hafer aber schadet es nicht das mindeste.

5) Ist die Erndte da, so läßt man ihn abmähen, höchstens 2 Tage liegen, und sogleich nach Hause führen. Das gewöhnliche Verfahren: ihn in Schwaden mehrere Wochen liegen zu lassen, ist thörigt, und verursacht oft großen Schaden.

Was die Dung- und Verbesserungsmittel anbetrift, so sind:

1. Die Dungmittel.

a) Alle Arten mineralischen Dungs;
b) Gyps, Dornschlag, Haalbötzig;
c) Alle mineralische feste Theile: Knochen, Klauen 2c.
d) Steinkohlen, Eisensteine 2c.
e) Abgänge in Salmiak-Fabriken.

2. Die Verbesserungsmittel.

Die bey der Gerste benahmten Körper.

5. Erb-

5. Erbsen. Pisum.

Die verschiedenen Arten von Felderbsen: die grüne, klein und großkörnichte, weißlichte, graue, gelbe und bläulichte, werden in fünferley Arten eingetheilt: man kennt sie unter den Namen:

1) Büschel- Trauben- Rosen- oder Kronenerbsen. Pisum umbellatum L.
2) Ocher, oder italienische Erbsen. Pisum Ochrus. L.
3) Holländische, graue Erbse. Pisum quadratum.
4) Preusische, graue Erbse. Pisum quadr. Boruss
5) Gelbe deutsche Felderbse. Pisum arvense

Erstere Art, eine Abart der gemeinen Erbse, ist eine der besten, größren, dünnschäligsten und wohlschmeckendsten. Sie wird frühe, und weil sie sich sehr umstocket, ganz dünne gesäet. Die Schotten kommen oben aus dem Gipfel und geben viele Körner. Der Wuchs ist etwas stärker als der von der gewöhnlichen Art.

Die Zweyte Art verdiente in Teutschland angebauet zu werden. Ihr Vaterland ist Italien und Creta. Sie trägt reichlich und liefert sehr kleine, weisse, runde Erbsen von sehr angenehmen Geschmack. Sie ist als eine veredelte Art der wilden Ochererbse, die bitter und hart ist, anzusehen.

Die dritte und vierte Art ist dem äusserlichen nach sehr wenig von einander verschieden; erstere wird in Holland, Seeland und Dannemark, und letztere in Preussen sehr häufig gebauet. Als Handlungsartikel betrachtet, ist sie den am Mayn und Rhein gelegenen Ländern sehr zu empfehlen, indem in denen an der See gelegenen Ländern der Preiß derselben sehr hoch stehet. Sie wird früh im März oder April gesäet, wächst hoch, schlägt gut zu und verträgt den Frost aufs beste.

Die fünfte Art ist die in Teutschland gebräuchlichste; sie wird im April gesäet und dann mit der Gerste fertig.

Was das Erdreich anbetrift, so muß dieses, wenn es ganz den Bestandtheilen entsprechend genommen werden soll, aus 26 Procenten in Vitriolsäure, und 62 Proc. in Scheidewasser auflösbarer Erden bestehen. Ein Feld von 30, 40 Proc. in Scheidewasser und 13 bis 16 Pr.

in Vitriolsäure auflöslichen Theilen, ist aber auch bey den erforderlichen Dungmitteln zum Anbau vollkommen gut, und, giebt man die sämmtlichen Bedürfnisse, so taugen auch minder gute Felder. Man beobachtet bey dem Anbau überhaupt folgendes: Man erwählet hierzu Felder die nicht zu feucht sind, pflüget diese vor der Saat tief und oft, und säet frühzeitig, im Monat April; denn die späte Saat giebt zwar vieles Stroh aber wenige Körner, und ist auch mehr dem Mehlthau ausgesetzt. Den Saamen selbst pflügt man unter, läßt den Pflug aber nicht tiefer als 3 Zolle gehen, und egget dann, nachdem man die Furchen besäet hat, das Feld aufs beste; durch dieses Verfahren ersparet man den dritten Theil Saamen, und erhält schönere Erbsen.

Um glücklichere Erndten zu erlangen, säet man Hafer oder Saubohnen damit aus. Ist die Zeit der Erndte da, und diese erkennet man aus der Zeitigung der untersten Schoten, so säumet man sich nicht; denn nur die Ueberzeitigung erzielet den großen Fehler des Nichtreichwerdens, den man bishero so gerne in dem angewendeten Dungmittel, dem Gyps, gesuchet.

Ist das Land geleeret, so läßt man es sogleich stürzen, damit es noch einmal vor der Wintersaat gepflüget werden könne.

Was die Bestandtheile der Erbsen anbetrift, so sind diese: Gyps, vitriolisirter Weinstein, Digestiv- und Kochsalz, Kiesel- Kalk- Alaun- Bittererde, Eisen; freyes Laugensalz ist keines vorhanden. Der Gyps verhält sich zu den Mittelsalzen wie 11/2 zu 1. Die salzichten Theile zu den erdichten wie 2 zu 5. 100 Theile ausgelaugter Asche bestehen aus 88 Proc. auflöslicher und 12 Proc. unauflöslicher Theile, oder aus 26 Procent in Vitriolsäure und 62 Procent in Scheidewasser auflösbarer Theile.

Was die Dung- und Verbesserungsmittel anbetrift, so sind diese:

1. Die Dungmittel.

a) Rindmist;
b) Gyps;
c) Haalbötzig, das frey von freyem Laugensalz ist;
d) Pfannenstein;
e) Steinkohlen;
f) Abgänge von Scheidewasserbrennen;

g) Ei-

g) Eisensteine, und

h) Knochen, Hornspäne ꝛc. Apatit.

2) Die Verbesserungsmittel:

A. Für Felder die arm an in Scheidewasser und reich an in Vitriolsäure auflöslichen Erden sind.

a) Märgel von nicht weniger als 50 Procenten Kalkerde;

b) Alle kalkartige Abgänge;

c) Kalk.

B Für Felder, die arm an in Vitriolsäure und reich an in Scheidewasser auflöslichen Erden sind:

a) Alle Arten Thonmärgels von 10 bis 40 Pr.;

b) Letten, Thon, Lehmen;

c) Alle Thon- u. Bittererde enthaltende Steine;

d) Schlammerde von jeder Art, allzu kalkartige ausgenommen;

e) Ausgelaugte Steinkohlen von Vitriolarten, wenn solche die Thonerde, oder 20 bis 25 Proc. in Vitriolsäure auflöslicher Erden führen.

6. Linse. Ervum Lens.

Zwo Abarten von der Linse sind in der Landwirthschaft bekannt:

1) Die große Pfenniglinse. Ervum lens major
und
2) die teutsche Feldlinse. Ervum lens.

Die erste ist die beste Art. Man säet sie, so wie die kleine, im März; am gewöhnlichsten aber im April. Nässe ist ihnen eben so wie Trockne schädlich, man suchet dahero zu ihrem Anbau Felder von dergleichen Eigenschaften aus, und behandelt diese eben so wie bey den Erbsen gemeldet worden ist. Da das Unkraut schadet, und dies vorzüglich auf schlechten Feldern, (denn auf guten ersticken sie solches durch ihren grossen Wuchs,) so muß anfangs fleißig gejätet werden. Bey der Erndte beobachtet man eben das, was vorhin bey den Erbsen ist erinnert worden.

Was ihre Bestandtheile anbetrift, so sind diese: Gyps, vitriolisirter Weinstein, Koch- und Digestivsalz, Eisen, Kiesel- Thon- Kalk- Bittererde, Braunstein. Freyes Laugensalz ist nicht in ihnen vorhanden. Der Gyps verhält sich zu den Mittelsalzen wie 1 1/4 zu 1. Die erdichten Theile zu den salzichten wie 5 zu 2. Die Linsen besitzen ein grösseres Gewicht erdicht und salzichter Theile in einer gleichen Menge Gewächse, als die Erbsen. Von 100 Theilen ausgelaugter Asche sind 77 Theile auflößlich und 23 Theile unauflöslich, oder aber: die Asche bestehet aus 54 Procent in Vitriolsäure und 23 Proc. in Scheidewasser auflöslicher Theile.

Was die Dung- und Verbesserungsmittel anbetrift, so sind diese:

1. Die Dungmittel.

Alle die bey den Erbsen angeführte Körper, wobey aber in Ansehung der Steinkohlen, Eisensteine zu bemerken ist, daß solche neben dem Eisen größtentheils aus Thon- und Bittererde bestehen müssen.

2. Die Verbesserungsmittel.

A. Für Felder die arm an Kalkerde sind:

a) Märgel von nicht höher als 50 Proc. Kalk.

b) Schlamm von gleicher Beschaffenheit.

B. Für Felder die arm an Alaun- und Bittererde, also an in Vitriolsäure auflösbaren Erden sind.

a) Thonmärgel von nicht mehr als 15 Proc. Kalkerde.

b) Letten, Thon, Lehmen.

c) Backofenerde, gepochte Ziegel- u. Backsteine rc.

d) Thon-

d) Thonschiefer, Granitthon, Grünstein, Hornblende, Glimmer, Schörl ꝛc. und
e) Ausgelaugte Steinkohlen und Steinkohlenasche.

7. Saubohne, Bufbohne. Vicia Faba.

Man hat 3ley Abarten von Saubohnen:

1) Die kleine	Bohne
2) Die große	
3) Die Zwerg	

Erstere Art ist die bekannteste. Sie wächst so wie die zweyte in Schoten an einem Stengel, der, je nachdem das Feld gut oder schlecht ist, über Mannslänge hoch oder niedriger aufwächst; die Schoten setzen sich zu 20, 30, 40 auch 70 an. Man begünstiget diese Vermehrung sehr, wenn man 1) so bald sie blühen, die Stängel ein paar Zoll lang abbricht, und sie 2) gut mit Gyps, Holz, Reben, oder Torfasche dünget. Jedes Korn treibt im letztern Falle 3 Stängel, und da jeder, wie ich erwähnte, 30 auch 70 Schoten, jede zu 3, 4 Körner treibet; so ist hieraus der Ertrag dieser so nützlichen Frucht abzunehmen. Kein Land versaget, wenn man sich nur obiger Dungmittel bedie-

ner.

net. Man säet sie häufig mit Erbsen, Wicken ꝛc. aus. Geschroten sind sie die mästendeste Fütterung, sowohl dem Rindvieh als den Schaafen.

Die dritte Art wird kaum 1, 2 Schuh hoch, treibt 3, 4 Stengel, wird buschicht, trägt sehr viele Schoten und ist mit Korn und Schoten zur Speise sehr gut.

Die Bestandtheile dieser drey Arten, die sich vollkommen gleichen, sind: Gyps, Laugensalz, vitriolisirter Weinstein, Digestivsalz, Kiesel- Thon- Kalkerde, Eisen.

Die salzichten Theile verhalten sich zu den erdichten wie 2 1/2 zu 4 1/10, die Laugensalze zu den Mittelsalzen, ohne den Gyps, wie 3 zu 1. 100 Theile Asche bestehen aus 70 Proc. auflöslicher, und 30 Proc. unauflöslicher Erden, oder: aus 38 Proc. in Scheidewasser und 32 Proc. in Vitriolsäure auflösbarer Erden.

Man wird aus diesen Bestandtheilen auf die Güte dieses Gewächses leichtlich zu schliessen im Stande seyn, und dies vorzüglich wenn ich noch anführe, daß in 1 Pfund gedörrten mit Stroh und Bohnen abgewogener Bohnen

2 2/3 Quint

$2\frac{2}{3}$ Quint salzichter Theile inclusive des Gypses und $1\frac{1}{10}$ Loth Erde von angeführter Eigenschaft, in 100 Pfunden also: $3\frac{1}{8}$ Pfund erdichter und 2 Pfund salzichter Theile befindlich sey.

Zwar ist dieses Gewicht und diese Bestandtheile gegen die der Wicken unbeträchtlich, denn diese enthalten in 100 Pfunden $6\frac{3}{4}$ erdichter (von gleicher Güte) und $2\frac{3}{4}$ Pfund salzichter Theile; Alleine da der Ertrag der Saubohnen den der Wicken weit überwiegt, so behalten erstere immerhin für lezteren den Vorzug.

Was die Dung- und Verbesserungsmittel anbelangt; so sind:

I. Die Dungmittel:

1) Alle Arten animalischen Dungs;
2) Galle;
3) Gyps, Dornschlag;
4) Haalbötzig, jedoch nicht ohnvermischt;
5) Alle Arten von Asche;
6) Abgänge von Salmiak-Fabriquen;
7) Abgänge von Scheidewasser Brauern;
8) Knochen, Klauen, Apatit;
9) Eisensteine, Steinkohlen.

II. Die Verbesserungsmittel.

Alle die bey den Linsen vorgeschlagenen Körper.

8. Hirse. Panicum.

Man hat verschiedene Arten und Abarten von Hirse:

I) Gemeinen Hirsen (Panicum miliaceum L.) welcher am häufigsten in Teutschland gebauet wird, man findet ihn:

1) von weiser,
2) von gelber,
3) von röthlichter, und
4) von schwarzer Farbe.

II) Fenchelhirse.

III) Italienischen Hirse.

IV) Blüthirse.

Von Nro. II. III. IV. hatte ich keine Gelegenheit einigen zur Untersuchung zu erhalten.

Die erste Art bestehet, aus: Gyps, Laugensalzen, vitriolisirten Weinstein, Digestivsalz, Kiesel- Thon- Kalk- Bittererde, Braunstein, Eisenstein. Die salzichten Theile verhalten sich zu den erdichten, wie 1 zu 5. Das Laugensalz zu den Mittelsalzen wie 1 zu 3.

In

In 100 Theilen ausgelaugter Asche sind 57. Procente auflösbarer und 43. Procenten unauflösbarer Erden befindlich, oder 23. Procent in Vitriolsäure, und 34. Pr. in Scheidwasser auflösliche Theile.

Ein Erdreich also das 57. Proc. auflösbare Erden überhaupt, oder bestimmter: 14. Proc. in Scheidewasser und 23. Proc. in Vitriolsäure auflösbarer Erden besitzet, ist zum Anbau der Hirse das beste.

Man säet ihn im Monat May in wohlbestelltes Land, wozu Neubrüche, die über Winters oder Sommers gelegen haben vorzüglich gut sind, und egget ihn nur ganz leichte mit einem tüchtigen Dornbüschel unter. Auf ein Feld von 300 Ruthen rechnet man 2 Metzen Samen, der aber, damit man keinen Brand oder zweywüchsigen Hirsen bekomme, vollkommen reif, schwer und gleich von Farbe seyn muß.

Der Boden darf weder zu feucht noch zu trocken seyn. Fällt nach der Saat ein Regen, so ist es dem Samen sehr zuträglich. Ist er einige Zolle hoch gewachsen, so jätet man behutsam das allenfals vorhandene Unkraut aus. Hat man ihn in Tabak- Cartoffel- Möhr- Kraut- Gunkelrübenfelder gesäet, so ersparet man diese Arbeit meistens und das Wachsthum ist um so schöner. Gewöhnlich wird der Hirs zweywüchsig d. h. in 2 Perioden zeitig. Man vermeidet dieses theils durch leichtes Eineggen, theils durch gleichartigen Samen.

Um keinen Samen zu verliehren, weil der Hirs sehr ungleich zeitiget, beobachtet man fleißig die Farbe der Stengel. Fangen diese 5. 6. Zolle hoch über der Erde an gelb zu werden, so gehet man sogleich zur Erndte, führet ihn nach Hause, drischt ihn ohnverzüglich aus, trocknet das Stroh, und bringt den Samen auf den Boden. Ist er abgetrocknet, so führet man ihn in die Mühle, läßt ihn abstampfen, zu Haufen werfen, und den Vorsprung zur Saat aufbewahren.

Der Anbau dieses Gewächses verdiente allgemeiner zu werden, denn er bezahlet alle Auslagen reichlich.

Was die Dung- und Verbesserungsmittel anbelangt, so sind:

I. Die

I. Die Dungmittel.

1) Alle Arten animalischen Dungs;

2) Gyps, Dornschlag;

3) Alle Arten Asche;

4) Haalbötzig mit Nro. 2. und 3. vermischt;

5) Abgänge von Scheidewasser- und Salmiakfabriquen;

6) Knochen, Hornspäne, Apatit rc.

II. Die Verbesserungsmittel.

Alle die bey den Linsen vorgeschlagenen Körper.

9. Mays, türkisches Korn. Zea.

Man kennet hievon:

1) den gemeinen kleinen Mays, Zea vulgaris.

2) Den grossen Mays, Zea americana.

Beede Arten, die sehr stark in Farben wechseln und wovon man vorzüglich die weissen aussuchet, verdienen aller Empfehlung.

Man bereitet aus ihnen ein vortrefliches Mehl, das zum Brod und zum kochen unverbesserlich ist, auch wird aus ihnen Bier und Brantwein verfertiget.

Die unreifen Aehren geben gebraten eine angenehme Speise. Das Vieh: Rindvieh, Schafe, Schweine, Geflügel frißt sowohl

Stengel und grüne Blätter als die Körner, leztere dienen vorzüglich zur Mastung.

Man bauet es in sonnichten Gegenden, weil es die Hitze sehr liebet, im Monat April in Reyhen gleich dem weisen Kohl an, und macht die Stüfchens, in welche die Saamen kommen, und 6. 8. Körner gele-get werden 1. bis 1½ Schuh weit von ein-ander.

Ist es 3. 4. Zolle hoch erwachsen, so wird es 2. bis 3. Mahl gefelgt, alsdenn, wenn die obersten dürre gewordenenen Sten-gel abgeschnitten und das Korn gehörig ge-zeitiget ist, geerndet. Ein Stengel gibt nicht selten in gutem Erdreich 2. Colben, und jeder Colben 2 3 bis 600 Körner. Die abgenommenen Colben werden sogleich bis auf Blätter abgezogen, je zwey und zwey zusam-mengebunden, gedörrt und ausgemacht. Das Mark wird des Winters über ver-brannt.

Was die Bestandtheile anbetrift, so sind diese: Gyps, Laugensalz, vitrio-lisirter Weinstein, Digestivsalz,

Thon,

Thon, Kalk, Kiesel, bittere Erde, Eisen, Braunstein.

Die salzichten Theile verhalten sich zu den erdichten wie 1. zu 3. Das Laugensalz zu den Mittelsalzen wie 1. zu 1. In 100 Th. Asche sind 57. Proc. auflösbare, und 43. Proc. unauflösbare Erden vorhanden, oder aber: 27. Proc. in Scheidewasser, und 30. Proc. in Vitriolsäure auflösbare Erden befindlich.

Die Dung- und Verbesserungsmittel kommen mit den bey dem Hirse angeführten überein.

10. Buchweizen, Heidekorn. Polygonum fagopyrum.

Man hat dreyerley Arten von Buchweizen:

1) deutschen,

2) tartarischen, und

3) perennirenden.

Erstere Art ist seit 400. Jahren bekannt, und stammt aus Asien ab. Man unterscheidet sie, oder vielmehr, man besitzet eine Abart von ihr, die der eigentlichen Art vorgezogen wird. Die Abart hat einen kleinen schwarzen Samen, und die eigentliche Art einen braunen Samen. Man säet beede im Monat May oder Junius, ie nachdem es das Clima erlaubet; denn Nässe und Kälte ist ihnen schädlich. In 3. Monaten sind sie zeitig.

In vielen Gegenden säet man ihn in die Stoppeln, und erndet ihn alsdenn im October. Er kommt auf allem demjenigen Erdreich, worauf der rothe Klee gedeyhet, fort, und nimmt auch mit noch geringerem Felde vorlieb, wenn dieses nur an einer oder der andern ihr zur Nahrung nöthigen Erde nicht gänzlich darbet: in gutem Felde aber gedeyhet er vorzüglich und verinteressiret alle Auslagen und Arbeiten, reichlich.

Ein Feld von 35. Proc. in Vitriolsäure, und 46. Proc in Scheidewasser auflöslicher Theile ist eigentlich den Bestandtheilen nach für solchen das beste. Da Felder dieser Art aber nicht in unseren Gefilden gefunden werden, so suchet man allein durch Dung- und Verbesserungsmittel diesen Bedürfnissen zu entsprechen.

Er

Er besitzet neben dem, daß er das Unkraut und vorzüglich die Quecken vertilget, sehr viele gute, andern theils aber auch sehr viele böse Eigenschaften.

Die guten Eigenschaften auser den erst benahmten sind:

1) daß er eine sehr gute Speise ist, und Grütze und feines Mehl daraus verfertiget werden kann;

2) daß er zur Mastung, vorzüglich des Federviehes unverbesserlich ist;

3) daß das Stroh ein gutes Rindviehfutter ist;

4) daß er als eine zweyte Frucht benutzet werden kann, und

5) daß die Blüthe eine sehr gute Weide, vorzüglich wenn er im Spatjahr gebauet wird, vor die Bienen ist.

Die bösen Eigenschaften sind:

1) daß er sehr lange blühet, und dahero der Same sehr ungleich zeitig wird,

2) daß der Same sehr leicht ausfällt, und

3) das Land durch dessen Anbau sehr ausgesauget wird.

Die zweyte Art Buchweizens ist so wie die dritte in Deutschland noch wenig bekannt,

kannt, verdiente aber der Aufnahme sehr. Die zweyte Art: der tartarische Buchweizen ist dadurch von dem deutschen verschieden, daß er 1) nicht so leicht verfrieret; 2) reichlicher trägt, und 3) saftiger, mehlreicher und wohlschmekkender ist. Und die dritte, der perennirende, der aus dem nördlichen Asien abstammet, dadurch daß er mehrere Jahre dauret, sich stark umstrecket, neue Schößlinge treibt, so oft er abgemähet ist, und dahero auch als Futterpflanze gebrauchet werden kann. Ich bemerke bey dem Anbau desselbigen überhaupt:

Erstlich in Betreff des Anbaues:

a) daß da er der Erfahrung und Untersuchung zufolge das Land stark aussauget, man ihn auf schlechten Feldern ohne allen Dung nie aussäen dürfe, oder aber daß, wenn man an der Dungung verhindert worden seyn sollte, entweder

b) nach der Erndte eines der sogleich beschriebenen Verbesserungsmittels aufführen, oder aber auch die abgestreiften Samenstengel auf dem Felde lassen müsse, und

zweytens in Rücksicht der Erndte:

a) daß man ihn, wie in so vielen Gegenden gebräuchlich nach dem er abgeschnitten oder

aus-

ausgezogen worden ist 8. 14. Tage liegen lasse, weil dieses ganz sunnütze und höchst schädlich ist;

b) daß man ihn, wenn es die Witterung erlaubet, vorzüglich auf entlegenen Feldern, welche schwer zu düngen sind, sogleich auf dem Acker so bald man siehet, daß die mehresten Körner reif sind und bey sehr wenigem Reiben abgehen, durch eine hinreichende Anzahl Menschen, Staude vor Staude in Schürze und Tücher, besser aber in Fässer abstreifen, das Abgestreifte dann in Säcke ausleeren, die Stengel auf dem Felde, entweder sogleich nachdem auf einem Blocke einige Mahl entzwey gehauen worden, ausstreuen und so fort unterpflügen, oder aber sie alle auf grose Haufen werfen, fest eintretten, und damit sie desto leichter sich erhitzen und die oberste Lage nicht ausdorre, mit Erde oder Rasen eine Hand hoch bedekke und nach dem Verfaulen gleich dem Mist, welchen sie aber in Ansehung der salzichten Theile um vieles übertreffen, unterpflügen, und

c) daß man da, wo es die Witterung nicht erlaubet, oder Menschenhände fehlen, ihn in in der Frühe auf ausgeschlagenen Wägen ohngebunden laden, zu Hause sogleich dreschen, den Saamen unterm öfteren Umwenden auf dem Boden trocknen und das Stroh baldigst theils zur Einstreu, theils zur Fütterung, indem es gerne schimmelt, anwenden müsse.

Die Bestandtheile des Haidekorns sind: Laugensalze, Gyps, Digestivsalze, vitriolisirter Weinstein, Kiesel, Thon, Kalk, Erde, Eisen.

Die erdichten Theile verhalten sich zu den salzichten inclusive des Gypses wie $9\frac{1}{2}$ zu $4\frac{1}{2}$, die Laugensalze zu den Mittelsalzen wie $3\frac{1}{2}$ zu 1.

In 100. Theilen ausgelaugter Asche sind 19. Procent unauflöslicher und 81. Procent auflöslicher Theile, oder 35. Proc. in Vitriolsäure und 46. Proc. in Scheidewasser auflösbare Erden vorhanden.

Was die Dung- und Verbesserungsmittel anbetrift, so kommen leztere mit Nro. 6. überein, erstere aber sind:

1) alle Arten animalischen Dungs;
2) Galle;
3) Alle Arten unausgelaugter Asche;
4) Haalbößig;
5) Gyps, Dornschlag, und
6) Abgänge von Salmiakfabriquen.

II. Fut-

II.

Futter- und Nahrungs-Kräuter.

Wurzeln und Gräser.

II.

Futter- und Nahrungs-Kräuter, Wurzeln und Gräser.

1.

Groser rother Klee, Spanischer- Holländischer- Brabander- Nürnberger- drey-blättrichter- gememeiner Wiesenklee, Klaber. Trifolium pratense. L.

Die Bestandtheile dieses allgemein bekannten Futtergewächses sind:

Gyps, vitriolisirter Weinstein laugensalze, Digestivsalz, Kiesel-Thon, Kalkerde, Eisen, Braunstein.

Die salzigten Theile verhalten sich zu den erdichten wie $1\frac{3}{4}$ zu $7\frac{1}{4}$. Die Laugensalze zu den Mittelsalzen exclusive des Gypses wie 1 zu 1.

In 100 Theilen ausgelaugter Aschen, sind 37 Theile unauflösbarer und 63 Theile auflösbarer Erden, oder: 33 Procent in Scheidwasser, und 30. Proc. in Vitriolsäure auflößlicher Erden, befindlich.

Der

Der Gyps beträgt insgemein auch da wo kein Gyps gestreuet wurde im Centner Kleeheu, 1 Ꝉb 4 Loth. Die Ursachen, warum er bishero übersehen wurde, waren: 1) die der Asche beygemischten Laugensalze, welche ihn während dem Digeriren zerlegten, und 2) das geringe Gewicht des angewendeten Wassers.

Den vorhin angegebenen Bestandtheilen zu folge ist demnach ein Feld: das 63 Procent. auflösbare Theile, oder: 33 Procente in Scheidwasser und 30 Procent in Vitriolsäure auflösbare Erden besitzet für das willkommenste.

Man bauet ihn gewöhnlich in den Brachfeldern an, woselbst er 1. 2. Jahre genutzet und dann, weil er überhaupt nur 3 Jahre dauret, untergepflüget wird.

Als Futterkraut betrachtet ist er minder gut als Luzerner, Esparsette, Steinklee rc. wie dieses aus den sogleich folgenden Bestandtheilen dieser Gewächse zu folgern seyn wird, und auch die Erfahrung es bestätigt.

Dadurch allein, daß er beynahe überall gedeyhet und schnell aufwächst, hat er sich für allen andern Futterkräutern das Burgerrecht zugezogen.

Daß

1. Großer rother Klee, Spanischer-Holländischer-Brabandischer-Nürnberger-dreyblättrichter-gemeiner Wiesenklee, Clabar.

Daß er den Boden aussauge, daran ist wohl nicht zu zweifeln. Ein ohnehin mageres, d. i. an erforderlichen Erdarten armes Feld, kann, wenn es nicht gehörig gedünget wird, durch ihn so entkräftet werden, daß es zum Getreidebau ganz unfähig gemacht wird. Die vermeynte Verbesserung der Aecker, die durch dessen Anbau erzielet werden soll, ist nichts als ein bloser optischer Betrug, der sich, so bald die salzichten Theile, welche er in den Wurzeln und abgefallenen Blättern, nicht selten auch durch den aufgestreuten Gyps, der nur zum Theil in ihr eingetretten war, hinterlies, ausgesogen sind, zum bitteren Schaden der Besitzer der Felder, entdecket. Auf Feldern, die unter 20. Procent auflöslicher Theile führen, wird meine Behauptung gewiß jederzeit sich bestätget finden.

Was den Gypsgebrauch anbetrift, so siehet man aus den angeführten Bestandtheilen, daß man hierinnen nothwendig Maas und Ziel beobachten und halten müsse, indem, wie ich zwar schon so oft erwähnet habe, der Gyps nur einen Theil der Pflanzen Nahrung ausmacht, und dahero durch seine Anwendung zwar das Wachsthum der Pflanzen ungemein begünstiget werden müsse, aber diesem ohngeachtet da nicht alles und jedes durch ihn ersetzet wird, leichtlich durch den Mißbrauch desselbigen Schaden bewirket werden könne. Die übrigen über ihn geführte Klagen: daß er der Gesundheit des Viehes nachtheilig seye, die Feinheit der Wolle vermindre ꝛc. sind, erstere sattsam widerlegt, und leztere nichts weniger als erwiesen. Man untersuche zuvor die Wolle ihren Bestandtheilen nach und dann urtheile man über den Einfluß dieser oder jener Gewächse auf die Qualität derselben.

Sein Anbau könnte und würde von allem Zwiste befreyet werden, wenn man neben ihm noch mehrere Futtergewächse beygesellen, durch diese dessen blähende Eigenschaft verhindern, seine Güte verbessern, und ihn dadurch dem Viehe selbst, das auch Veränderung im Futter liebet, angenehmer machen würde. Einige hierzu aufgestellte Tabellen werden dieß mehr erläutern. Was die Dung- und Verbesserungsmittel anbetrift, so sind:

I. Die

I. Die Dungmittel.

1) Alle Arten animalischen Dungs;
2) Gülle;
3) Alle Arten Holz- und Torfasche;
4) Gyps, Dornschlag;
5) Haalbötzig;
6) Steinkohlen;
7) Eisensteine;
8) Abgänge von Scheidwasser- und Salmiakfabriquen.

II. Die Verbesserungsmittel.

a) Für Felder, die reich an in Scheidwasser und arm an in Vitriolsäure auflöslichen Theilen sind:

1) Thon, Letten, Lehmen,
2) Thon, Märgel, Thon-Dachschiefer, Glimmer, Hornblende, Grünstein, Graniton, Schörl,
3) Gepochte Ziegel- und Backensteine.
4) Lehmenmäure, Backofenerde, wenn sie nicht unter 16. Proc. in Vitriolsäure auflösbare Theile führen.

b) Für Felder, die reich an in Vitriolsäure und arm an in Scheidewasser auflöslichen Erden sind:

1) Märgel, Kalkmärgel.

2) Alle kalkartige Abgänge und Mischungen;
3) Alle Schlammarten, wenn sie reich an den fehlenden Erden sind.

2. Steinklee. Trifolium Melilothus off.

Diese Kleeart verdienet alle Aufmerksamkeit, da sie ein sehr angenehmes und gesundes Futter und nicht unwichtigen Ertrag gibt. Man hat sie

1) mit weissen Blumen, und
2) mit gelben Blumen.

Sie ist einjährig. Auser ihr werden in der Landwirthschaft gerühmet:

1) Der Italienische Steinklee. Trifol. Meliloth. Ital. Eine sehr blätterreiche, schnell wachsende, und nahrhafte Kleeart, und
2) Siebengezeit, Melliloten-Klee. Trifol. Meliloth. caerulea. Eine in der Schweiz sehr geschätzte Kleeart von besonderem Wohlgeruch und Kraft.

Ihre Bestandtheile sind: Gyps, Laugensalze, vitriolisirter Weinstein, Digestivsalz, Kalk- Kiesel- und Thonerde, Eisen.

Die salzichten Theile verhalten sich zu den erdichten wie 1 zu $1\frac{1}{3}$. Die Laugengensalze zu den Mittelsalzen wie 4. zu 3.

In 100. Theilen ausgelaugter Asche sind 91. Proc. auflösbare und 9. Proc. unauflösbare Theile, oder: 83. Proc. in Salpetersäure und 8. Proc. in Vitriolsäure auflösliche Erden vorhanden. Die Dung- und Verbesserungsmittel sind:

Erstere die bey dem rothen Klee angezeigten entsprechend, und

Leztere kommen mit den folgenden Nro. 3 überein.

3. Luzerner, Ewiger-Schneckenkleee Medicago sativa. Terenn.

Diese Kleeart verdienet wegen ihres schnellen Wachsthums und vorzüglicher Güte des stärksten Anbaues. Sie wird im Monat May gesäet. Man bauet sie am besten mit Raygras vermischt aus, und rechnet auf 12.. ℔ 3. bis 4. ℔ desselben. Sie kann 10. Jahre lang mit Vortheil jährlich 4. 5. Mahl gehauen werden. Länger ist es nicht räthlich.

Man bemerket sich bey ihrem Anbau, ausser dem was ich in der Vorrede des 2ten Theils gesaget habe:

1) daß das Erdreich 23. Schuh tief herausgehoben nicht unter 12. Procent in Scheidewasser und 6. Proc. in Vitriolsäure auflöslicher Theile besitze, und nicht zu naß seye:

2) daß sie in dem ersten Jahre nicht zu oft, und nicht zu tief gehauen werde;

3) daß man sie, so lange kein Samen gezogen werden soll, nie zur Blüthe kommen lasse;

4) nie vor dem 3ten oder 4ten Jahr Samen von ihr ziehe, und

5) daß man sie da, wo es die Umstände erlauben, in trocknen Jahren wäßre,

Ihren Bestandtheilen zufolge ist ein Erdreich von 92. Proc. in Scheidewasser, und 8. Proc. in Vitriolsäure auflöslichen Erden das beste.

Ihre Bestandtheile sind: Gyps, Laugensalze, vitriolisirter Weinstein, Digestivsalz, Kalk. Alaunerde, Eisen.

Die salzichten Theile verhalten sich zu den erdichten wie $2\frac{1}{4}$ zu 3. Die Laugensalze zu den Mittelsalzen wie $1\frac{1}{10}$ zu 1.

In 100 Theilen ausgelaugter Asche sind eben so viel auflöslicher Erden, oder: 92. Procent in Scheidewasser und 8. Procent in Vitriolsäure auflösbarer Theile vorhanden.

Was die Dung- und Verbesserungsmittel anbelangt, so sind:

A. Die Dungmittel.

a) Auf Feldern von 50. 60. Procent auflöslicher Theile:

1) Rindmist;

2) Gülle;

3) Ruß, Torf- Holzasche;

4) Knochen, Klauen rc. Apatit;

5) Gyps, Dornschlag, Steinkohlen mit 2. Theilen Haalbötzig vermischt;

6) Alle Abgänge von Salmiak- und Scheidewasserfabriquen.

b) Für Felder von 60. bis 90. Proc. auflöslicher Erden:

1) Gülle, und

2) Alle die Nro. 3. 4. 5. 6. angeführte Körper.

B. Die Verbesserungsmittel.

a) Für Felder, die arm an in Scheidwasser auflöslichen Erden sind:

1) Alle kalkartigen Abgänge und Vermischungen;

2) Märgel, Kalkmärgel;

3) Gepochte und gebrannte Kalksteine;

4) Alle Arten kalkartigen Schlammes.

b) Für Felder, die unter 8. Procent in Vitriolsäure auflöslicher Erden besitzen und reich an in Scheidwasser auflöslichen Theilen sind:

1) Letten, Bolus.

2) Thon, Dachschiefer ꝛc.

3) Thonmärgel, wenn er nicht mehr als 15. Procent in Scheidewasser auflöslicher Theile besitzet.

4) Thonartige Schlamm- und Gassenerde von gleicher Beschaffenheit.

Ausser dieser Art ewigen Klees kennet man noch und empfiehlt zum Anbau in nördlichen Gegenden:

die Schwedische Luzerne. Medicago falcata.

Es blühet solche gelb, hat sichelförmige Hülsen und kriechende Stengel. Ich hatte keine Gelegenheit, sie zur Untersuchung zu erhalten.

4. Esparcette. Türkischer Klee. Saintfoins.
Hedysarum Onobrychis L.

Ueber den Anbau dieser Kleeart habe ich mich in der Vorrede des 2ten Theils erkläret. Sie gedeyhet in schweren und leichten Felde, wenn solches nur in der Tiefe die erforderlichen Bestandtheile besitzet, und kein Wasser sich vorfindet. Je mehr auflösbare Erden vorhanden sind, desto erwünschter ist ihr Wachsthum.

Ihre

Ihre Bestandtheile sind:

Vitriolisirter Weinstein, Digestivsalz, Laugensalz, Gyps, Kalk, Thonerde, Bittererde, Eisen.

Die salzichten Theile verhalten sich zu den erdichten wie $1\frac{1}{2}$ zu $3\frac{1}{2}$. Die Laugensalze zu den Mittelsalzen wie 6 zu 3.

In 100. Theilen ausgelaugter Asche sind eben so viel auflösbare Erden, oder: 74. Proc. in Scheidewasser und 26. Proc. in Vitriolsäure auflöslicher Theile vorhanden.

Was die Dung- und Verbesserungsmittel anbetrift, so sind:

A. Die Dungmittel:

1) Rindmist;
2) Gülle;
3) Haalbötzig, Pfannenstein;
4) Gyps, Dornschlag mit Nro. 3. vermischt;
5) Ruß, Torf- Holzasche;
6) Knochen, Hornspäne ꝛc.
7) Steinkohlen;
8) Abgänge von Scheidewasser- und Salmiakfabriquen.

B. Die Verbesserungsmittel.

a) Für Felder, die arm an in Scheidewasser auflösbaren Theilen sind:

1) Kalkmärgel, Märgel;
2) Kalkartige Abgänge;
3) Kalkartige Schlammerde;
4) Kalksteine gebrannt und ungebrannt.

b) Für Felder, die unter 10. Procent in Vitriolsäure auflöslicher Erden besitzen:

1) Letten, Thon, Bolus:
2) Thon-Dachschiefer etc.
3) Gepochte Ziegel- und Backsteine.

Man säet ihn im April, May und Junius. Nässe ist ihm schädlich, doch kann er sie besser, und eben so die Kälte, als der Luzernerklee vertragen. Er wird mit Hafer, Gersten, Erbsen etc. ausgesäet.

Man behandelt ihn übrigens wie den Luzerner Klee. Auf einen Morgen von 256. Quadratruthen rechnet man 8. 9. Simri (Metzen).

5. Groses Spergul-Kraut. Spergula arvensis major.

Diese Grasart ist in Holland sehr geachtet und liefert den berühmten Spargelbutter. Sie muß 2. Mahl im Jahr ausgesäet werden, weil sie nur ein Mahl gemähet werden kann, und jederzeit in 7. Wochen ausgewachsen ist. Sie wächst einen Schuh hoch. Man säet sie in der Mitte Aprils, und Anfang Junius.

Auf

Auf einen Scheffel Landes rechnet man 3. Metzen. Da sie insgemein nur auf mageren schlechten Lande angebauet wird; so sind die Erndten nicht die reichlichsten und dahero auch ihr Anbau in Teutschland unbedeutend.

Ihren Bestandtheilen nach, ist ein Feld, das 95. Procent auflösliche Theile besitzet, für sie zum Wachsthum das beste.

Sie bestehet aus:

Gyps, Laugensalzen, vitriolisirten Weinstein, Digestivsalz, Kochsalz, Kalk- Thon- Kiesel- Bittererde, Eisen.

Die salzichten Theile verhalten sich zu der erdichten wie 5. zu 7. Die Laugensalze zu den Mittelsalzen inclusive des Gypses wie 1. zu 1 3/7.

100. Theile ausgelaugter Asche bestehen aus 71. Procent in Scheidewasser und 24. Pr. in Vitriolsäure, oder aus 95. Proc. auflöslichen und 5. Proc. unauflöslichen Theilen.

Die Dung, und Verbesserungsmittel kommen ganz mit dem Nro. 4. gesagten überein.

7. Pim-

6. Pimpinella, Afterbluthkraut. Poterium Sanguis orba. Terenn.

Ist ein sehr nützliches Futtergewächs, das allgemein, gleich dem Klee verdiente angebauet zu werden. Man säet es im Frühjahr. In recht gutem Felde kann es leichtlich 4. 5. Mahl gehauen werden. Ich brachte es im ersten Jahre 3. Mahl zum Schnitte, und das Erdreich besaß nicht mehr als 35. Procent auflöslicher Theile. Es läßt sich sehr leicht zu Heu machen, bleibt über Winters grün, umstocket sich stark und wird von Rindvieh, Schafen und Pferden begierigst gefressen.

Hügel und Ebenen taugen zu dessen Anbau. Ich empfehle es aus mehreren Gründen als eines der nützlichsten Futtergewächse nachdrücklichst.

Ihre Bestandtheile sind:

Vitriolisirter Weinstein, Digestivsalz, Laugensalz, Gyps, Kalk. Thon. Kieselerde, Eisen. Braunstein.

Die salzichten Theile verhalten sich zu den erdichten wie 1. zu 2. Die Laugensalze zu den Mittelsalzen wie 3. zu 15.

In 100. Theilen ausgelaugter Asche sind 2. Proc. uuauflöslicher, und 98. Proc. auflöslicher

cher Theile, oder: 30. Proc. in Vitriolsäurer und 68. Proc. in Scheidewasser auflösliche Erden vorhanden.

Die Dung- und Verbesserungsmittel kommen mit den des Esparcetts überein.

7. Spinat. Spinacea oleracea L.

Man verlanget eigentlich den englischen, der gemeine Schnittkohl aber ist eben so gut als dieser zu gebrauchen.

Er giebt die erste grüne Fütterung und Speise, und ist sehr ergiebig im Anbau. Man säet ihn in verschiedenen Zeiten. Will man ihn im Winter oder Frühjahr haben, so geschiehet die Saat zu Anfang Septembers, bey Spinat aber im Februar oder Merz, und soll er noch vor Winters benutzet werden, zu Anfang des Augusts.

Ein feuchtes Erdreich, das wo möglich gewässert werden kann, ist ihm sehr nützlich. Wenn die gröste Kälte vorüber ist, so reiniget man die Spinatpflanzen von den verdorrten Blättern und streuet zwischen die Stöcke wohl verfaulten Mist.

Man bauet zweyerley Sorten:

1) Spinat mit zugespitzten, und

2) Spinat mit rundlichten Blättern.

Seine Bestandtheile sind:

Laugensalze, vitriolisirter Weinstein, Digestivsalz, Gyps, Kalk, Thon, Kiesel, Bittererde, Eisen.

Die salzichten Theile verhalten sich zu den erdichten wie 1. zu 1. Das Laugensalz zu den Mittelsalzen wie 2. zu 1.

100. Theile ausgelaugte Asche bestehen aus 92. Proc. auflöslichen und 8. Proc. unauflöslichen Theilen, oder: aus 64. Proc. in Scheidewasser und 28. Procent in Vitriolsäure auflöslichen Erden.

Die Dung- und Verbesserungsmittel kommen mit den des Esspercetts überein.

8. Weißkraut, weiser Kohl. Beta oleracea capitata.

Man hat sehr verschiedene Abarten desselbigen, welche alle von dem wilden Kohl: Brassica oleracea sylvestris abstammen, sie werden genennt:

1) Erfurter weises Kraut;

2) Braunschweigischer weiser Kopfkohl;

3) Windelfurter Spitzfrühkraut;

4) Rothes Sommerkraut, wovon man

a) blut-

a) blutrothen Kopfkohl;
b) dunkelrothen.
c) blaßrothen. Kohl
d) violetten.
anbauet, und dann
5) Winterkraut.

Die erste Gattung hat Häupter von mittlerer Gröse;

Die zweyte ist die gröste Art;

Die dritte hat länglichte Köpfe und wird ohngeachtet man sie zu der gewöhnlichen Zeit säet und verpflanzet, um 3. 4. Wochen früher fertig;

Die vierte Gattung hat mittelmäsig grose Häupter, je nach dem Erdreich und Cultur beschaffen sind, und

Die fünfte Gattung, wozu man aber auch die 3te Gattung anwenden kann, wird erst im August gesäet, und um Michaelis verpflanzet.

Im Winter überdeckt man sie mit Reißholz und Stroh, und bringt sie dann nach Ostern bereits erwachsen nach Haus.

Da der Anbau des weisen Krauts ausführlich in diesem Werke beschrieben worden ist, so umgehe ich alles das hieher gehörige.

Die

Die Bestandtheile desselben sind:

Gyps, Laugensalze, vitriolisirter Weinstein, Digestivsalz, Kalk- Thon- Bitter- Kieselerde, Eisen.

Die salzichten Theile verhalten sich zu den erdichten wie 2. zu 3. Die Mittelsalze zu den Laugensalzen wie 1. zu 6.

In 100. Theilen ausgelaugter Asche sind 8. Proc. unauflösbare und 92. Proc. auflösbare Erden, oder: 60. Proc. in Scheidewasser und 32. Proc. in Vitriolsäure auflöslicher Erden befindlich.

Die Verbesserungsmittel kommen mit den bey der Esparcette angeführten überein; die Dungmittel aber sind:

1) Rindmist;

2) Gülle;

3) Gyps, Dornschlag;

4) Unausgelaugte Asche;

5) Haalbötzig mit Nro. 3. und 4. vermischt, und

6) Abgänge von Salmiakfabriquen.

Anmerkung. In Feldern, welche 35. bis 40. und mehrere Proc. auflöslicher Erden besitzen, dienet der Pferdemist – es seye dann, daß das Futter der Pferde aus Luzerner- tür- kischen kischem Klee ꝛc. bestünden, zur Vermehrung der Fruchtbarkeit sehr wenig, und ist allein, soll seine Wirkung sichtbar seyn auf Feldern von 10. 20. und 25. Procenten anzuwenden. Hat man aber keinen andern als Pferdemist, so kann er immerhin zur Erhaltung der Fruchtbarkeit angewendet werden.

9. Blumenkohl, Käsekohl. Brassica oleracea botrytis.

Sein Anbau gehet in vielen Gegenden in Grosem von statten. Der Same wird im März oder April ausgesäet, und alsdenn, wenn die Pflanzen ihre vollkommene Gröse erreichet haben, versetzet. Das Land muß wohl gedunget, fleisig begossen oder gewässert und öfters ausgejätet werden. Diejenigen Stöcke, welche vor Winters entweder nur kleine oder gar keine Käse getrieben haben, werden samt der Wurzel ausgehoben, und in Erde, die mit $\frac{1}{3}$ Sand vermischt und etwas befeuchtet worden ist, gesetzet. Sie treiben alsdenn den Winter hindurch noch ihre Käse nach.

Was die Bestandtheile dieses Gewächses anbetrift, so sind diese:

Gyps, vitriolisirter Weinstein, Digestivsalz, Kiesel. Thon. Kalk. Bittererde, Eisen.

Die erdichten Theile verhalten sich zu den salzichten wie 1. zu 1. und der Gyps zu den Mittelsalzen wie 1. zu 1. Freyes Laugensalz ist nicht mehr als $\frac{1}{15}$ des Gewichts in ihm vorhanden.

In 100. Theilen ausgelaugter Asche sind 27. Procent unauflösliche und 73. Proc. auflösliche Erden vorhanden, oder aber 100. Theile bestehen aus 55. Proc. in Scheidewasser und 18. Procent in Vitriolsäure auflöslicher Erden.

Was die Dung- und Verbesserungsmittel anbelangt, so sind:

A. Die Dungmittel:

1) Rindmist;
2) Gyps;
3) Haalbötzig, Pfannenstein;
4) Alle Arten Asche;
5) Knochen, Klauen rc.
6) Steinkohlen;
7) Abgänge von Salmiak- und Scheidewasserfabriquen.

B. Die

B Die Verbesserungsmittel.

Diese kommen mit den Nro. 4. erzählten überein.

10. Kohlrabi unter der Erden. Klumprieben.
Brassica oleracea. Napo-brassica.

Sind für Menschen und Vieh gleich nützlich. Man sorget bey ihrer Verpflanzung:

1) daß die Wurzeln um $\frac{1}{3}$ abgeschnitten werden, und daß sie
2) tief genug gesetzet werden.

Durch ersteres erzielet man grosse Rüben und durch das andre vermeidet man das Holzichtwerden.

Das Erdreich darf nicht zu feuchte seyn. Sie bestehen aus:

Gyps, Laugensalz, vitriolisirtem Weinstein, Digestivsalz, Kalk, Alaun, Kieselerde, Eisen.

Die salzichten Theile verhalten sich zu den erdichten wie 1. zu 1. Das Laugensalz zu den Mittelsalzen exclusive des Gyps, der in beträchtlicher Menge in ihnen vorhanden ist, wie 1. zu 4.

In 100. Theilen ausgelaugter Asche sind 95. Pr. auflösbare und 5. Pr. unauflösbaer

Erden, oder: 71. Proc. in Scheidewasser und 24. Proc. in Vitriolsäure auflösliche Theile befindlich.

Die Dung- und Verbesserungsmittel kommen mit Nro. 8. überein.

11. Spargel. Asparagus off.

Man hat viererley Abarten desselben:

a) den weissen Spargel;
b) den grünen Spargel;
c) den rothen Spargel;
d) den holländischen Spargel.

Sein Anbau ist in dem ersten Theil beschrieben worden.

Seine Bestandtheile sind:

Gyps, vitriolisirter Weinstein, Laugensalz, Digestivsalz, Kalk- Alaun- Bitter- Kieselerde, Eisen.

Die salzichten Theile verhalten sich zu den erdichten wie 2. zu 1. Das Laugensalz zu den Mittelsalzen wie 2. zu 9.

In 100. Theilen ausgelaugter Asche sind 92. Proc. auflösbare und 8. Proc. unauflösbare, oder: 60. Proc. in Scheidewasser und 38. Proc. in Vitriolsäure auflösliche Erden vorhanden.

Die Verbesserungsmittel kommen mit Nro. 4. überein, die Dungmittel aber sind:

1) Rindmist;
2) Gülle;
3) Gyps, Dornschlag;
4) Alle Arten unausgelaugter Asche;
5) Hornspäne, Knochen, Apatit ꝛc.
6) Haalbötzig mit Nro. 3. 4. oder 5. vermischt;
7) Abgänge von Salmiakfabriquen;
8) Abgänge von Scheidewasserfabriquen.

12. Weise Rüben, Klumprüben. Brassica rapa oblonga.

Diese erfordern, wenn sie aufs beste gedeyhen sollen, ein Feld von 60. Proc. in Scheidewasser, und 33. Proc. in Vitriolsäure auflösbarer Erden.

Sie bestehen aus:

Laugensalzen, vitriolisirten Weinstein, Koch- und Digestivsalz, Gyps, Kalk- Alaun- Bitter- Kieselerde und Eisen.

Die salzichten Theile verhalten sich zu den erdichten wie $1\frac{1}{10}$ zu 1. Die Laugensalze zu den Mittelsalzen wie 2. zu 1.

In 100. Theilen ausgelaugter Asche sind 93. Procent auflöslicher und 7. Procent unauflöslicher Erden vorhanden, oder: 100. Theile bestehen aus 33. Proc. in Vitriolsäure und 60. Proc. in Scheidewasser auflösbarer Erden.

Die Verbesserungsmittel kommen mit den bisher erwähnten überein, die Dungmittel aber sind;

1) Rindmist;
2) Gülle;
3) Alle Arten unausgelaugter Asche;
4) Haalbözig;
5) Gyps, Dornschlag mit Nro. 3. oder 4. vermischt;
6) Knochen, Klauen, Apatit;
7) Abgänge von Salmiakfabriquen und Scheidewasserbrennereyen.

13. Burgunder- Bunkel - Viehrübe. Raugersten- Tanuschen, Dickwurzel. Beta Cicla altissima.

Rüben und Kraut werden von diesem sehr bekannten Gewächse, theils zur Fütterung, theils zur Speise verwendet.

Man

Man säet sie im Monat Merz, versetzet die Pflanzen so bald sie 4. Blätter haben, einen bis 3. Fuß weit von einander, und bauet in den Zwischenräumen, Rüben, Erdkohlraben, weisses Kraut, Mays, Tabak. Ist das Erdreich den Bestandtheilen entsprechend, so wie ihre Wartung und Pflege, so wie es ihre Natur verlangte, so erhält man größtentheils Rüben von 12. 15. bis 20. Pfunden. Ihre Bestandtheile sind:

Laugensalz, Gyps, vitriolisirter Weinstein, Digestivsalz, Kalk, Alaun, Kieselerde, Eisen.

Die salzichten Theile verhalten sich zu den erdichten wie 5. zu 1. Das Laugensalz zu den Mittelsalzen wie $1\frac{1}{4}$ zu 1.

In 100. Theilen ausgelaugter Asche sind 90. Proc. auflösbare und 10. Proc. unauflösbare, oder: 53. Proc. in Scheidewasser und 37. Proc. in Vitriolsäure auflösliche Erden vorhanden.

Felder also, die diesen Procenten am meisten entsprechen, sind zum Anbau dieses Gewächses die besten.

Die Verbesserungsmittel kommen mit den vorhergegangenen überein, die Dungmittel aber sind:

1) Rindmist und alle übrigen Arten salzicht-animalischen Dunges;
2) Gülle;
3) Torf-Holz-Rebenasche;
4) Haalbötzig;
3) Gyps, Dornschlag mit Nro. 3. und 4. vermischt;
6) Abgänge von Salmiakfabriquen.

Da in einer einzigen Rübe die 10. ℔ wiegt 10. Quint bestgetrockneter Salze inclusive des Gypses vorhanden sind, und diese gröstentheils aus Laugensalz bestehen; so muß bey den Dungungsmitteln vorzüglich auf alkalische d. i. Laugensalz enthaltende Körper gesehen werden. Ein gleiches gilt bey den weissen Rüben.

14. Gelbe Rüben, Möhren, Carotten.

Daucus Carotta L.

Man hat gelbe, goldgelbe, weisse und rothe Möhren:

Sie können im Frühjahr, in der Mitte des Sommers, und im Herbste, kurz vor dem Frost gesäet werden.

Im

Im Grosen werden sie am besten mit Fenchelanis, Mohn, Senf angebauet. Der Boden muß sehr tief gepflüget werden; am besten ists, man läßt zwey Pflüge hintereinander gehen.

Ihre Bestandtheile sind:

Laugensalz, vitriolisirter Weinstein, Digestivsalz, Gyps, Kalk, Alaun, Kiesel, Bittererde, Eisen.

Die salzichten Theile verhalten sich zu den erdichten inclusive des Gypses wie 1. zu 1. Das Laugensalz zu den Mittelsalzen wie 10. zu 1.

In 100. Theilen ausgelaugter Asche sind 96. Proc. auflösbare und 4. Pr. unauflösbare, oder: 16. Pr. in Vitriolsäure und 68. Pr. in Scheidewasser auflösliche Erden vorhanden.

Die Verbesserungsmittel kommen mit den vorhergehenden überein. Die Dungmittel sind:

1) Rindmist;
2) Gülle;
3) Alle Arten unausgelaugter Asche;
4) Haalbötzig;
5) Gyps, Dornschlag, mit Nro. 3. oder 4. vermischt.
6) Abgänge von Salmiakfabriquen.

 15. Tar-

15. Cartoffel, Erdäpfel, Grundbirnen, Cartuffel. Solanum tuberosum L.

Man theilet die Cartoffeln ein, in Sommer- und Wintercartoffeln. Erstere sind schon um Jacobi, leztere aber erst gegen Michaelis zum Essen brauchbar.

Von den Wintercartoffeln sind vorzüglich bekannt:

1) die weise runzliche, mit weiser Blüthe;
2) die rothe länglichte, mit hellvioletter Blüthe;
3) die gelbe runde ohne Runzeln mit gelblich weiser Blüthe;
4) die fahlrothe runde mit pfirsichfärbiger Blüthe:
5) die fahlrothe lange spitzige nicht ganz glatten hodenförmige mit pfirsichfarbiger Blüthe;
6) die gelbe lange spitzige glatte, hodenförmige mit pfirsichfärbiger Blüthe, und
7) die weise länglichte mit verwirrten Wurzeln.

Von den Sommerkartoffeln:

1) die gelbweise holländische mit nicht tiefen Runzeln und weiser Blüthe;
2) die Zuckerkartoffel mit blauer Blüthe;
3) die gelbe runde platte mit weiser Blüthe;
4) die rothe eyrunde platte mit pfirsichfarbiger Blüthe und rothen Streifen im Fleische;

5) die

5) die grosse glatte und gelbe, mit gelblich weiser Blüthe.

Man bemerket bey ihrem Anbau überhaupt:

1) daß man sie wenigstens 15. Zolle weit von einander pflanze;
2) Sie nicht zerschneide;
3) Sie im Sandfeld nie, sondern allein im schweren Felde häufle, und
4) daß man keinen frischen Mist, weil dieser theils Würmer erzeuget, theils Mäuse herbey locket, zur Dungung nehme.

Was die Bestandtheile anbetrift; so sind die der wilden rothen Cartoffel mit weiser Blüthe:

Laugensalze, vitriolisirter Weinstein, Digestivsalz, Gyps, Kalk, Thon, Kieselerde, Eisen.

Die salzichten Theile verhalten sich zu den erdichten wie $1\frac{2}{3}$ zu $2\frac{1}{3}$, Die Laugensalze zu den Mittelsalzen wie 2. zu 3.

In 100. Theilen ausgelaugter Asche sind 7. Procent unauflösliche und 93. Proc. auflösliche, oder: 76. Proc. in Scheidewasser und 17. Procent in Vitriolsäure auflösbare Erdarten vorhanden.

Die

Die Bestandtheile der zahmen gelben glatten Cartoffel mit gelblicht weiser Blüthe sind:

Gyps, vitriolisirter Weinstein, Digestivsalz, Laugensalze, Kiesel, Kalk, Alaun, Bittererde, Eisen.

Die salzichten Theile inclusive des Gypses verhalten sich zu den erdichten wie $1\frac{1}{7}$ zu $1\frac{1}{2}$. Die Laugensalze zu den Mittelsalzen wie $9\frac{1}{2}$ zu 2.

In 100. Theilen ausgelaugter Asche sind 96. Proc. auflösbare und 4. Proc. unauflösbare Theile vorhanden, oder: 100. Theile besitzen 66. Proc. in Scheidewasser und 30. Pr. in Vitriolsäure auflöslicher Erden.

Die Dung- und Verbesserungsmittel kommen mit den Nro. 4. angeführten überein.

16. Wicken. Vicia.

Man hat viererley Arten und mehrere Abarten von Wicken:

1) Futterwicken, Vicia sativa, wovon

a) die grose Narbonnische Futterwicke, und

b) die Pferdewicke, Vicia sativa nigra, bekannt sind.

Erste,

Erstere Art ist der zweyten in sehr vielen Stücken vorzuziehen; sie trägt reichlicher und mästet besser.

2) Vogelwicke. Vicia cracca. Welche in ganz Teutschland wild aufwächst, ein hohes und fettes Wachsthum hat, und ein sehr gutes Futter gibt.

3) Zaun, Heckenwicke. Vicia sepium, welche an Zäunen wild aufwächst, und sich auser ihren gestielten Hülsen in Ansehung ihrer Bestandtheile durch eine grösere Menge Kieselerde und Eisen von der ersteren Art auszeichnet, und dann

4) Zweyjährige Wicke. Vicia biennis, welche in Siberien wild zu 12. 15. Schuh hoch aufwächst, sich sehr umstrecket und verschiedene Mahl im Jahr abgemähet werden kann; sie ist aber bey uns noch nicht bekannt.

Nro. 1. 2. und 3. bestehen aus: Gyps, vitriolisirten Weinstein, Laugensalz, Digestivsalz, Kalk, Thon, Bitter, Kieselrde, Eisen.

Die salzichten Theile verhalten sich zu den erdichten wie $1\frac{1}{2}$ zu $3\frac{1}{2}$. Das Laugensalz zu den Mittelsalzen wie 1. zu 12.

In

In 100. Theilen ausgelaugter Asche sind 35. Proc. unauflösbarer und 65. Procente auflösbarer, oder: 50. Proc. in Scheidewasser und 15. Proc. in Vitriolsäure auflöslicher Erden vorhanden.

Die Dung- und Verbesserungsmittel sind:

A. Die Dungmittel.

1) Alle Arten animalischen Dungs;
2) Gülle;
3) Torf- und Holzasche;
4) Gyps, Dornschlag, Steinkohlen;
5) Eisensteine, und
6) Abgänge von Salmiak- und Scheidewasserfabriquen.

B. Die Verbesserungsmittel.

Alle die Nro. 1. bey dem Weizen berührte Körper.

17. Honiggras, Roßgras. Holcus lanatus.

Diese Grasart verdienet ganz der besten Empfehlung: ein frecher, dichter und schneller Wuchs, Milde und Kraft bezeichnet dessen Eigenschaften. Man säet den Samen zeitig im Frühjahr aus, und rechnet auf einen kleinen Morgen 22-25. Pfund.

Es wird in gutem Erdreich 2. auch 3. Fuß hoch und umstocket sich so stark, daß man auch

schon

schon im ersten Jahr nicht das mindeste Erdreich siehet und alles gleich einem Pelze verwachsen ist. Im ersten Jahr kann es in dergleichen Feldern 3. bis 4. Mahl, und in den folgenden Jahren 5. Mahl gehauen werden.

Ohne den mindesten Dung brachte ich es in einem Erdreich von 20. Proc. in Scheidewasser und 20. Proc. in Vitriolsäure auflöslichen Theilen, ohngeachtet ich es erst in der Mitte May gesäet hatte, 3. Mahl zum Hieb.

Es erfordert ein Land von mittelmäßiger Güte: ein Land, das weder zu feucht noch zu trocken ist. Es bestehet aus:

Gyps, Laugensalzen, vitriolisirtem Weinstein, Digestivsalz, Kalk-Thon-Kieselerde, Eisen.

Die salzichten Theile inclusive des Gypses verhalten sich zu den erdichten wie $2\frac{1}{10}$ zu $1\frac{5}{10}$. Die Laugensalze zu den Mittelsalzen wie 7. zu 6.

In 100. Theilen ausgelaugter Asche sind 52. Proc. unauflösbare und 48. Proc. auflösbare, oder: 24. Procent in Scheidewasser und 24. Proc. in Vitriolsäure auflösliche Erden vorhanden.

Die

Die Dung- und Verbesserungsmittel betreffend; so kommen leztere mit den Nro. 1. genannten überein, erstere aber sind:

1) Alle Arten animalischen Dungs;

2) Gülle;

3) Gyps, Dornschlag;

4) Haalbötzig;

5) Alle Arten unausgelaugter Asche;

6) Steinkohlen, Eisensteine;

7) Abgänge von Salmiakfabriquen und Scheidewasserbrennereyen.

18. Thimotheusgras, Lischgras. Phleum pratense. Perenn.

Auch diese Grasart, wovon siebenerley Varietäten bekannt sind, verdienet die Aufmerksamkeit der Landwirthe.

Sie ist im feuchten, sumpfichten und morastigen Erdreich zu Hause; jedoch gedeyhet sie auch auf minder nassen Feldern, wenn solche nur von Zeit zu Zeit gewässert werden können. Ich habe sie in einem mehr trocknen als feuchten, jedoch sehr gutem Erdreich mit vielem Vortheile angebauet. Sie wächst 3, 4. Schuhe hoch und kann 4. 5. Mahl gehauen werden. Statt der s. g. sauren Geister würde

sie

sie mit Nutzen angebauet werden. Man säet sie vom März an bis Ende Septembers, und rechnet auf einen grosen Morgen von 300. Ruthen 50. bis 60. Pfund. Sie bestehet aus:

Gyps, Laugensalz, vitriolisirten Weinstein, Digestivsalz, Kalk-Thon-Kieselerde, Eisen.

Die salzichten Theile verhalten sich zu den erdichten wie 1. zu $1\frac{1}{4}$. Das Laugensalz zu den Mittelsalzen wie 1. zu $2\frac{1}{3}$.

In 100. Theilen ausgelaugter Asche sind 72. Proc. auflösbare und 28. Proc. unauflösbare, oder: 28. Proc. in Vitriolsäure und 44. Proc. in Scheidewasser auflösliche Theile vorhanden.

Die Verbesserungsmittel sind den bishero angezeigten ähnlich, die Dungmittel aber sind:

1) Alle Arten unausgelaugter Asche;
2) Gyps, Dornschlag;
3) Steinkohlen;
4) Abgänge von Salmiakfabriquen;
5) Knochen, Klauen, Apatit.

19. Groser Miliz. Poa aquatica. Perenn.

Kommt mit dem Thimotheusgras den Bestandtheilen und Eigenschaften nach sehr überein. Es ist eines der allernützlichsten Gräser, für nasse oft überschwemmte Gegenden. Er wächst wie junges Rohr 5. 6. Fuß hoch mit breiten starken Blättern. Grün verfüttert leistet es eben das, was der Hafer als grünes Futter leistet, ist von süssem Geschmacke, läßt sich, da es gleich dem Getreide abgemähet wird, leicht zu Heu machen, und wird dann mit Nutzen zu Hechsel geschnitten.

Man säet auf 1. Morgen 5. 6. Pfund. Je öfter als man es mähet, desto brauchbarer ist es zur Fütterung. Es bestehet aus:

Gyps, Laugensalz, vitriolisirtem Weinstein, Koch- und Digestivsalz, Kalk- Kiesel- Thonerde, Eisen.

Die salzichten Theile verhalten sich zu den erdichten wie 1. zu 2. Das Laugensalz zu den Mittelsalzen wie 1. zu 3.

In 100. Theilen ausgelaugter Asche sind 64. Procent auflösbare und 36. Proc. unauflösbare, oder: 24. Proc. in Vitriolsäure und 40. Proc. in Scheidewasser auflösliche Theile vorhanden.

Die Dung- und Verbesserungsmittel kommen mit den vorhergehenden Nro. 18. und 1. überein.

20. Mannagras, Schwaden. Festuca fluitans. Perenn.

Auch diese Grasart kommt in sehr Vielem mit den vorhergehenden überein. Sie wird in

Grä-

Gräben, Sümpfen, nassen und morastigen Gegenden als ein in doppelter Rücksicht nützliches Gewächse erbauet.

Man säet den Samen, der unter dem Nahmen: Kochmarina, Schwaden, bekannt ist, zu jeder Jahreszeit aus, und sammlet ihn um Johannis mit Haarsieben. Das Gras wird abgemähet, in Büschel gebunden und gleich den vorhergehenden gebraucht.

Was die Bestandtheile anbetrift, so sind diese:

Gyps, vitriolisirter Weinstein, Laugensalz, Digestiv-Kochsalz, Kalk, Thon- Kiesel- Bittererde, Eisen.

Die salzichten Theile verhalten sich zu den erdichten wie 1. zu 4. Das Laugensalz zu den Mittelsalzen wie 1. zu 3.

In 100. Theilen ausgelaugter Asche sind 65. Proc. auflösliche und 39. Proc. unauflösliche, oder: 32. Proc. in Vitriolsäure und 33. Proc. in Scheidewasser auflösbare Erden vorhanden. Die Dung- und Verbesserungsmittel sind aus den Bestandtheilen zu folgern.

21. Futtertrespe. Bromus giganteus L.

Diese Grasart besitzet alle Eigenschaften eines guten Futtergewächses. Sie nimmt mit jedem Erdreich vorlieb, und gibt in Feldern von einiger Güte die reichlichsten Erndten. Sie läßt sich leicht zu Heu machen, und kann schon im ersten Jahre, wie ich dieß aus Erfahrung weiß, 3. Mahl gehauen werden. In schatticht feuchten Gründen gedeyhet sie am besten.

Ihre Bestandtheile sind:

Gyps, Laugensalz, vitriolisirter Weinstein, Digestivsalz, Kiesel-Kalk-Bitter-Alaunerde, Eisen.

Die salzichten Theile verhalten sich zu den erdichten wie 6. zu 9. Das Laugensalz zu den Mittelsalzen wie 5 zu 4.

In 100. Theilen ausgelaugter Asche sind 50. Proc. auflösbare und 50. Proc. unauflösbare Erden, oder: 28. Proc. in Vitriolsäure und 22. Proc. in Scheidewasser auflösliche Erden vorhanden.

Bey den Verbesserungsmitteln, die übrigens mit den vorhergehenden überein kommen, hat man dahero vorzüglich, sowohl bey diesen als den ihn ehrlanden Gewächsen, auf die in Vitriolsäure auflösbaren Erden sein Augenwerk zu richten, und hierzu ist, Thonmärgel, Letten, Bolus, Thon, Dachschiefer, Grünstein, Graniton, Schörl, gepochte Ziegel- und Backsteine rc. vorzüglich zu gebrauchen.

Die Dungmittel sind: 1) alle Arten animalischen Dungs; 2) Gülle; 3) Haalbötzig; 4) Gyps, Dornschlag; 5) alle Arten Asche; 6) Steinkohlen, Eisensteine; 7) Abgänge von Salmiak- und Scheidewasserfabriquen.

III. Fa-

III.

Fabriquen-

und

Handlungs-Gewächse.

III.

Fabriquen- und Handlungs-Gewächse.

1.

Taback. Nicotiana Tabacum.

Man hat sehr viele Arten, oder vielmehr Abarten dieses so sehr bekannten Gewächses. Virginischen. Oronoko. Pensylvanischen. Poschega. Persischen. Ungarischen. und gemeinen Landtaback. Der Virginische, Oronoko, Poschega, und der Persische. Taback wird billig allen andern Sorten vorgezogen, da Ertrag und Güte die Haupteigenschaften derselben ausmacht. Der Mangel an Kenntniß der Bestandtheile erschwerte bisher allein die Einführung dieser edleren Sorten, und erzielte die bekannten Klagen, daß auch der aus Virginischen Samen erzogene Taback, theils dem eigentlichen Virginischen nicht gleich komme, theils wenn er auch im ersten Jahre ihm entspräche, stets in den folgenden Jahren ausarte.

Der von mir zur Untersuchung gewählte Tabak zwar kein Virginischer, denn diesen konnte ich so, wie ich ihn nöthig hatte, nicht erhalten — jedoch war die Sorte, welche aus Ungarischen Samen im besten Lande erzogen war, meiner Kenntniß nach, einer der vortreflichsten. Ich fand die Bestandtheile desselben als folgende:

Gyps, Laugensalz, vitriolisirter Weinstein, Digestiv-Kochsalz, Kalk, Alaun, Kiesel. Bittererde, Eisen; Braunstein.

Die salzichten Theile verhalten sich zu den erdichten wie 1½ zu 5. Das Laugensalz zu den Mittelsalzen inclusive des Gypses wie 1. zu 1.

In 100. Theilen ausgelaugter Asche sind 93. Proc. auflösbare und 7. Proc. unauflösbare, oder: 16. Procent in Vitriolsäure und 77. Procent in Scheidewasser auflösliche Erden befindlich.

Was die Dung- und Verbesserungsmittel anbelangt, so sind:

A. Die Dungmittel.

a) Für Felder, welche nicht über 35. Pr. auflöslicher Theile besitzen:

1) Rind-

1) Rind-
2) Schaaf- } Mist;
3) Pferd-
4) Alle die sogleich folgenden Körper:

b) Für Felder, welche über 40. Procent auflöslicher Erden besitzen;

1) Rindmist;
2) Gülle;
3) Gyps, Dornschlag;
4) Haalbötzig, mit 2. 3. Mahl so viel dem Gewicht nach Asche vermischt;
5) Knochen, Klauen ꝛc.
6) Eisensteine, wenn sie neben dem Eisen, Kalk- Bitter- Thonerde, Braunstein, oder Phosphorsäure besitzen;
7) Alle Abgänge von Salmiak- und Scheidewasserfabriquen.

B. Die Verbesserungsmittel.

a) Für Felder, die arm an in Scheidewasser auflöslichen Theilen sind:

1) Märgel, besser: Kalk-Märgel;
2) Alle kalkartige Abgänge und Mischungen;
3) Alle Schlammarten, wenn sie reich an den fehlenden Erden sind;
4) Alle Kalksteine, gebrannt oder gepocht.

b) Für Felder, die arm an in Vitriolsäure auflöslichen Erden sind:

1) Letten, Thon, Bolus;

2) Thonmärgel, Thon, Dachschiefer, Glimmer, Hornblende, Grünstein, Graniton, Schörl.

3) Gepochte Ziegel- und Backsteine;

4) Lehmenwände, Backofenerde rc. wenn sie nicht unter 16. Procent in Vitriolsäure auflösliche Erden besitzen;

5) Allen Schlamm, wenn er arm an Kalk, und reich an in Vitriolsäure auflöslichen Theilen ist.

So viel von diesem, und nun auch einige Worte über den Anbau.

Bekanntlich fordert der Taback das beste, wohlbearbeitete Land, und Dünger im Ueberfluß. Nicht überall aber hat man diesen in der benöthigten Menge. Um nun in dergleichen düngerarmen Gegenden, den immerhin nützlichen Anbau des Tabacks nicht dadurch unterlassen zu müssen genöthiget zu seyn, rathe ich:

Erstlich die Felder, welche man zum Tabacksbau bestimmet, mit den L. B. angezeigten Verbesserungsmitteln wo möglich bis

auf

auf 60. Proc. oder doch auf 40. 50. Proc. auflösslicher Theilen zu vermischen;

Zweytens das Land so tief als möglich zu pflügen;

Drittens, wann die Pflanzung des Tabacks geschiehet, in jede Stufe eine bis zwey Hände voll der sogleich gemeldeten Mischung zu werfen, und

Viertens, zum Begiesen der gesezten Pflanzen schwache Gülle, welche man in besonderen neben den heimlichen Gemächern angelegten Löchern verfertiget, anzuwenden.

Die besagte Mischung wird also verfertiget: Man sammlet des Jahrs über alle Beine, welche über Tisch und in der Küche abfallen, und läßt solche in einer Gyps- oder Oehlmühle stossen; zu diesen also gepochten thierischen Gebeinen, mischt man gleiche Theile wohl ausgeglüheter Asche, sezt ihr die Hälfte des Maases derselben, zermalmten Gypses, Dornschlags oder verwitterter und zerstossener Steinkohlen, und den 12ten Theil des ganzen Viehsalzes, Pfannenstein, oder den 6ten Theil Haalbözig, bey, mischt alles aufs beste untereinander, feuchtet die Mischung, welche in einem hölzer-

hölzernen Gefässe aufbewahret wird, einige Wochen oder Tage vor dem Gebrauch mit recht starker Lauge, so wie sie zur Wäsche gebrauchet wird, jedoch so, daß die Mischung ihre Pulver ähnliche Gestalt nicht verliehret, an, und bewahret sie so zum Gebrauche.

Da der Anbau des Tabacks in sehr vielen Schriften deutlichst beschrieben worden ist, so übergehe ich hier eine Erörterung desselben, und bemerke nur:

1) daß man die zum Mistbeet gewählte Erde auch vorhero in Rücksicht ihrer Güte prüfen, und nach dem der Saame ausgesäet worden, mit dem oben beschriebenen Dungsalz; welches man auf den gesäeten Samen, noch ehe er mit Erde zugedecket wird, ganz dichte aufstreuet, versetzen müsse.

2) daß man zum Begiesen der Mistbeete temperirtes mit etwas Gülle vermischtes Wasser anwende, und dieses jederzeit in der Mitte des Tages verrichte;

3) daß man die Pflanzen weder zu schwach noch zu stark (in Ansehung der Gröse) zum versetzen nehme;

4) nie

4) nie vor Ende des Mai verpflanze, und stets eine gewisse Anzahl zum Nachsetzen zurückbehalte, und

5) daß man das Land fleisig vom Unkraut reinige, und die Pflanzen, wenn sie erstarket, wenigstens 3. Mahl behacke.

2. Lein. Flachs. Linum.

Man hat dreyerley Arten und einige Abarten von Lein. Man kennet sie als:

1) Gemeinen Lein. Linum usitatissimum,

2) Sibirischen Lein. Linum perenne L. und

3) Croatischen Staudenlein. Linum multicaule.

Von der ersten Art hat man als Abarten:

1) den Springflachs, der früher reift als der gewöhnliche, und dessen Samenkapseln von selbsten aufspringen, übrigens aber das Gewächs selbst einen sehr feinen obwohl kurzen Flachs gibt, und

2) den Dorschlein, welcher einen etwas grünlichten Flachs gibt, der, wenn er stark gedörret wird, ins schwarze sticht, ausser diesem aber länger als der vorhergehende wird.

Die zweyte Art ist noch nicht zum Anbau aufgenommen, sie dauert 3. 4. Jahre im Lande,

Lande, treibt 20. 30. Halme, wird ziemlich hoch, und wenn sie reif ist, abgeschnitten.

Die dritte Art umstocket sich stark, und gibt sehr guten Flachs. Sie ist noch nicht bekannt.

Was das Erdreich anbetrift, welches man zur Erzeugung des Flachses als das vorzüglichste anzusehen hat, so ist dieses dasjenige, welches aus 91. Proc. auflöslicher Theile, oder aber: aus 20. Proc. in Vitriolsäure und 71. Procent in Scheidewasser auflösbarer Erden bestehet. Da wir nun aber keine Felder dieser Art besitzen, so muß man allein so viel als möglich Bedacht darauf nehmen, Felder, die diesen Procenten am meisten entsprechen; Felder also der besten Art zum Anbau dieses Gewächses zu nehmen.

Was den Anbau anbetrift, so ist, da aus der Erfahrung bekannt ist, daß Unkraut, Nässe und Kälte das Gedeyhen des Leins verhindern, darauf Rücksicht zu nehmen, daß man

1) solche Felder hierzu erwähle, welche trocken liegen oder geleget werden können;

2) solche gut bestellen, und

3) zu solchen Zeiten, wo Nässe und Kälte zu erwarten ist, die Saat aufschieben.

Um diesen Punkten zu entsprechen, läßt man also das Feld, worzu dasjenige, welches das Jahr zuvor solche Gewächse ernährte, die das Unkraut tilgten, am besten ist, recht wohl bauen, Wasserfurchen ziehen, breite Beete schlagen, und alsdenn in drey Perioden, als: im Monat März, April und May den Lein aufs dichteste aussäen.

Man säet ihn des Abends am besten, und egget ihn dann zu frühe, wenn der Thau gefallen, unter. Je dichter man säet desto länger und zarter wird der Flachs. Ist der Same 3. Zolle hoch erwachsen, so läßt man ihn durch Leute, welche Barfuß gehen, vorsichtig ausjäten, mit dem Nro. 1. angeführten Dungsalz bestreuen, das ganze Feld mit Stänglein versehen und diese dann mit Reisig bedecken.

Ist der Lein zum Ausziehen reif, und dieses erkennet man nur einige Tage nach der Blüthe, und zwar, wenn die Samenköpfe anfangen gelblicht zu werden, und der Same seine gehörige Vollkommenheit erreichet hat, so ziehet man ihn behutsam aus, läßt ihn bey schönem

schönem Wetter 4. 5. Stunden auf dem beyseite gelegten Reißig liegen, alsdenn entweder sogleich wenn er geriffelt ist, in die Wasserrosse bringen, oder aber solchen, wenn er zu Hause 4. 5. Tage sorgfältig für Regen geschützt, gelegen hat, und gehörig getrocknet ist, riffeln, und bis zu einer Zeit, wo man sich mit dem Rossen beschäftigen kann, aufbewahren.

Was seine Bestandtheile anbetrift, so sind diese:

Gyps, Laugensalz, vitriolisirter Weinstein, Digestivsalz, Kalk, Alaun, Kiesel, Bittererde, Eisen.

Die salzichten Theile verhalten sich zu den erdichten inclusive des Gypses wie $1\frac{1}{10}$ zu $2\frac{1}{2}$. Das Laugensalz zu den Mittelsalzen wie 1. zu 1.

In 100. Theilen ausgelaugter Asche sind 9. Proc. unauflösliche und 91. Proc. auflösliche, oder: 20. Proc. in Vitriolsäure und 71. Proc. in Scheidewasser auflösbare Erden vorhanden.

Die Dung- und Verbesserungsmittel kommen mit Nro. 1. und den bishero angebrachten, aus den Bestandtheilen selbst abzunehmenden Körpern überein.

3. Hanf.

3. Hanf. Cannabis sativa.

Dieses allgemein bekannte Gewächs wird in zahmen und wilden eingetheilet; beede sind aber nur in Ansehung der Grösse von einander verschieden: Jener nehmlich wird 2. bis 3. dieser öfters 6. 7, Fuß, ja auch nach Herrn Schrebers Bericht 5. 6. Ellen hoch. Ein mageres Land erzielet ersteren, lezteren aber ein fettes d. i. ein an auflösbaren Erdarten reiches Feld.

Man unterscheidet den Hanf in männliche und weibliche Pflanzen: die männlichen, welche unter den Nahmen: Femmel, Fimmel, tauber Hanf, blumentragender oder fruchtbarer Hanf, Hemp, Hanfhan, gelber Hanf, bekannt sind, sind kleiner, schwächer und mehrere Wochen früher zeitig als die weiblichen, welche grüner Hanf, später Hanf, Bästling, Winterhanf, auch Fimmel, Femmel, welche Nahmen eigentlich hieher passen, da sie von Femella kommen, genennt werden.

Man säet ihn in warmen Gegenden in der Mitte Aprils, in kälteren aber um einen Monat später. Mehrere Landwirthe säen Rüben zugleich mit ihm aus, eine Gewohnheit, welcher aber nur auf Feldern von der besten Art nachgeahmet werden darf; denn beede Gewächse entziehen dem Erdreich sehr viele Kräfte.

Was das zum Hanfbau gehörige Feld anbetrift, so muß solches eines der vorzüglichsten seyn — es muß tief und oft gepflüget — wenn es knollicht gewalzet, oder stark geegget, und besitzet es nicht über 10. Proc. in Scheidewasser auflöslicher Theile, zuvor mit kalkartigen Körpern vermischet werden.

Die Zeit, in welcher die männlichen Pflanzen ausgeraufet werden dürfen, erkennet man daran, wenn die Blätter welk werden und die Blüthen abgefallen sind; ein gleiches bemerket man bey der weiblichen oder Samentragenden Pflanze. Sie werden, wenn sie ausgerauft, in Bunde gebunden, wenn die Wurzeln abgehauen, mit Stroh überdeckt, und bis zur Zeitigung liegen gelassen.

Von der übrigen Behandlung erwähne ich nichts; ich bemerke allein:

1) daß das Rossen im Wasser,
2) das Dörren an der Sonne oder in einem erwärmten Zimmer, und
3) das Pochen des geschwungenen Hanfes allgemeiner zu werden verdiene,

Denn

Denn an den mehresten Orten, wird

1) Zeit und Mühe unnützer Weise durch das Rossen auf den Feldern verdorben und nicht selten vieler Verlust an Hanf dadurch erlitten;

2) In den Darröfen oder vielmehr Röstöfen, wird er, statt daß man ihn trocken geröstet, dadurch also gröstentheils verdorben, und

3) durch den Mangel an Hanfpochmühlen die gehörige Zurüstung desselben ohnmöglich gemacht, und eben dadurch die Einfuhr des ausländischen Hanfes bewirket.

Was die Bestandtheile anbetrift, so sind diese:

Gyps, Laugensalze, vitriolisirter Weinstein, Digestivsalz, Kalk, Thon Kiesel, Bittererde, Eisen.

Die salzichten Theile verhalten sich zu den erdichten wie 1. zu 8. Die Laugensalze zu den Mittelsalzen wie $2\frac{1}{2}$ zu $3\frac{1}{2}$.

In 100. Theilen ausgelaugter Asche sind 92. Proc. auflösliche, oder: 58. Proc. in Scheidewasser und 34. Proc. in Vitriolsäure auflösbare Erden vorhanden.

Die Dung- und Verbesserungsmittel kommen mit den vorhergehenden überein.

 4. Waid.

4. Waid. Isatis Tinctoria.

Dieses bekannte Handlungsgewächs, woraus auch neben dem, daß es als Färbekraut sehr häufig verkaufet wird, eine dem Indigo ganz ähnliche Farbe bereitet werden kann, verdiente in Rücksicht des lezteren aller Aufmerksamkeit. Man hat verschiedene Abarten desselbigen. Der gemeine dreyblättrichte Feldwaid verdienet aber allein die Achtung des Landmanns.

Man säet ihn im April oder May, und gestattet es die Witterung, denn Kälte schadet ihm nichts, so kann er auch noch früher gesäet werden. Er wird sehr dünne, etwa 2. 3. Pfund auf einen thüringischen Acker mit eben so viel Heckerling vermischt, ausgesäet, leicht untergeegt, und mit der umgewendeten Egge leicht überfahren. Ist er aufgegangen, und dieses geschiehet nach 5. 6. Wochen Verlauf, so schaft man sowohl das Unkraut als die überflüssigen Pflanzen weg, weil eine Pflanze von der andern wenigstens 10. 11. Zolle entfernet stehen muß, wiederholet das Jäden alle 2. 3. Wochen, wobey man denjenigen Waid, der rauche Blätter führet, mit hinwegnimmt, und erwartet dann die Zeitigung der Blätter, welche man

daraus

daraus erkennet, wenn die untersten anfangen gelb zu werden.

Ist also die Erndte, welche 3. Mahl im Jahr sich einstellet, da; so kniet man zu jedem Stocke hin, faßt die sämtlichen Blätter in eine Hand zusammen, und stößt sie mit der andern Hand durch ein scharfes Stoßeisen oder Messer, jedoch ohne Verletzung der Keime, ab.

Im Herbste wird das Feld geräumet, und nur wenige Stöcke zum Saamen, der im folgenden Jahr erzeuget wird, stehen gelassen.

Man bemerket bey dem Anbau auser diesem noch:

1) daß das Erdreich nicht allzufeuchte, jedoch auch nicht zu trocken,
2) von tiefem guten Grunde,
3) frey von Steinen, und
4) recht wohl und tief geackert, und gedünget seye.

Er vermehret sich ausserordentlich, wird 4. Fuß hoch, hat sehr nasse Blätter, und ist perennirend. Die Blätter aber, welche im folgenden Jahre erhalten werden, sind minder brauchbar als die ersteren.

Was die Bestandtheile anbetrift, so sind diese:

Gyps, Laugensalz, vitriolisirter Weinstein, Digestivsalz, Kalk, Thon, Kieselerde, Eisen, Braunstein.

Die salzichten Theile verhalten sich zu den erdichten wie 2. zu 3. Das Laugensalz zu den Mittelsalzen wie 3. zu 1.

In 100. Theilen ausgelaugter Asche sind 93. Proc. auflösbare und 7. Proc. unauflösbare, oder: 75 Proc. in Scheidewasser und 18. Proc. in Vitriolsäure auflösliche Erden vorhanden.

Die Dung- und Verbesserungsmittel kommen mit den Nro. 1. angeführten überein.

5) Färberröthe, Crapp. Rubia Tinctorum. Perenn.

Wird auf gutem, etwas feuchtem Erdreich, welches recht gut gedüngt und 1. bis 1½. Schuh tief gepflüget wird, mittelst Setzlingen im April, May und Junius geleget, erbaut.

Man bearbeitet sie fleißig und dünget sie alle Jahre hinreichend. Nach Verfluß von 3. Jahren hebt man sie aus, reiniget und trocknet sie. Das Kraut davon verfüttert man gleich den andern Futtergewächsen.

Was

Was ihre Bestandtheile anbelangt, so sind diese:

Gyps, Laugensalz, vitriolisirter Weinstein, Digestivsalz, Kalk, Kiesel, Thonerde, Eisen, Braunstein.

Die salzichten Theile verhalten sich zu den erdichten wie 1. zu $2\frac{1}{6}$. Das Laugensalz zu den Mittelsalzen wie 3. zu 1.

In 100. Theilen ausgelaugter Asche sind 61. Procent auflösbare und 39. Proc. unauflösbare, oder: 47. Proc. in Scheidewasser und 14. Proc. in Vitriolsäure auflösliche Erden vorhanden.

Dung- und Verbesserungsmittel entsprechen genau denen des Tabaks.

6. Weiser Mohn. Papaver somniferum alb.

Dieses Oehlgewächs verdiente allgemeiner angebauet zu werden. Die Saat geschiehet im April und May. Man ziehet den weisen Mohn allen übrigen Gattungen vor, theils weil er öhlreicher, theils verkäuflicher ist, als jene.

Man bereitet auch aus den grünen Stengeln an einigen Orten eine Art Opiums, die zwar minder wirksam, jedoch in doppeltem Gewicht eines und das nehmliche ist.

Die Bestandtheile dieses Gewächses sind:

Gyps, Laugensalz, vitriolisirter Weinstein, Digestivsalz, Kalk, Kiesel, Alaunerde, Eisen.

Die salzichten Theile verhalten sich zu den erdichten wie 1½ zu 3½. Das Laugensalz zu den Mittelsalzen wie 7. zu 3.

In 100. Theilen ausgelaugter Asche sind 95. Procent auflösbare und 5. Proc. unauflösbare, oder: 90. Proc. in Scheidewasser und 5. Proc. in Vitriolsäure auflösliche Erden vorhanden.

Die Dung- und Verbesserungsmittel kommen mit den vorhergehenden überein, wobey allein in Ansehung lezterer zu bemerken ist, daß man sein vorzüglichstes Augenwerk auf kalkartige Körper richten müsse.

7. **Deutscher Oehldotter.** Myagrum sativum. S. Pf.

Diese Pflanze wird in mehreren Ländern sehr stark angebaut, und schüttet 100fältig. Das Oehl ist helle, und mehr angenehm als widrig, man gebrauchet es gleich dem Baumöhl zum Speisen und Brennen.

Der Saame wird im April ganz dünne auf ein wohlbestelltes Land ausgesäet, und die Zeit der Erndte wohl in Acht genommen. Die Bestandtheile dieses Oehlgewächses sind:

Gyps, Laugensalz, vitriolisirter Weinstein, Digestivsalz, Kalk, Kiesel, Thonerde, Eisen.

Die salzichten Theile verhalten sich zu den erdichten wie 1. zu 6. Das Laugensalz zu den Mittelsalzen wie 1. zu 1.

In 100. Theilen ausgelaugter Asche sind 70. Proc. auflösbare und 30. Proc. unauflösbare, oder: 60. Proc. in Scheldewasser und 10. Procent in Vitriolsäure auflösliche Erden vorhanden.

8. Raps, Reps, Rübsen, Rübsaat.
Brassica napus L.

Man hat von diesem so bekannten Oehlgewächse zweyerley Abarten:

1) Winter- } Rübsen.
2) Sommer- }

Ersterer ist einträglicher als lezterer, gibt das 60ste bis 70ste Korn, und leidet nicht so viel vom Unkraut und Insekten als lezterer.

Man säet die erstere Gattung im August nicht selten auch im September, die leztere aber im May und Junius. Der Sommerreps gibt kaum das 30ste Korn.

Man siehet in Ansehung des Samens 1) auf grosse, schöne Körner; 2) auf glatte oder glänzende, und 3) auf süß schmeckende.

Er muß nicht dichte, sondern sehr dünne gesäet werden. Aus dieser Rücksicht mischet man bey Ungeübten, 24. Simri Erde, wozu Kalkerde, kalkartige Körper, Asche, und Gyps nebst etwas Haalbötzig am besten ist, mit 1. Simri Rübsamen.

Das Feld muß 3. 4. Mahl so tief als möglich gepflüget und recht gut gedünget werden. Die Zeit der Erndte erkennet man aus dem Reifwerden der untersten Schoten. Ist das Wetter günstig, so bringt man ihn auf einen planirten Platz, läßt ihn daselbst auf Haufen etwas schwitzen, und dann auf ausgebreiteten Tüchern ausdreschen.

Was die Bestandtheile desselben anbetrift, so sind diese:

Gyps, vitriolisirter Weinstein, Laugen. Digestivsalz, Kalk. Thon. Kiesel. Bittererde, Eisen.

Die salzichten Theile verhalten sich zu den erdichten wie 1. zu $3\frac{1}{3}$. Das Laugensalz zu den Mittelsalzen wie 1. zu 5.

In 100. Theilen ausgelaugter Asche sind 85. Proc. auflösbare und 15. Proc. unauflösbare, oder: 18. Procent in Vitriolsäure und 67. Procent in Scheidewasser auflösliche Erden vorhanden.

Die Dung- und Verbesserungsmittel anbelangend, so sind:

A. Die Dungmittel:

1) Rindmist;
2) Gyps;
3) Haalbötzig, Pfannenstein;
4) Steinkohlen, Eisenstein;
5) Abgänge von Scheidewasserbrennern;
6) Knochen, Klauen ꝛc.

B. Die Verbesserungsmittel.

a) Für Felder, die arm an in Scheidewasser auflöslichen Theilen sind:

1) Märgel, besser: Kalkmärgel;
2) alle kalkartige Körper, gebrannt oder ungebrannt;

3) Schlamm.

3) Schlammerde, wenn sie stark mit Säuren brauset.

b) Für Felder, die arm an in Vitriolsäure auflöslichen Theilen sind:

1) Thon, Letten, Bolus;
2) Thonmärgel;
3) Thon-Dachschiefer rc.
4) Gepochte Ziegel und Backsteine, und
5) Thonartiger Schlamm.

* * *

Wenn wir die bishero vorgetragenen Bestandtheile der Gewächse des Ackerbaues betrachten, und uns solche, zur bequemeren Uebersicht und Vergleichung in einer Tabelle, die auch hier Nro. 1. folget, vor Augen legen; so finden und fühlen wir: Wie vieles noch der Landwirth in Rücksicht des Erdreichs, der Eintheilung der Felder, und der Dungmittel zu erfüllen, umzuändern, und in Erwägung zu ziehen habe, ehe er sagen kann, daß der Feldbau den lezten Grad der Vollkommenheit erlanget habe.

Nach dem, was aus den erdichten Bestandtheilen: dem Grund des ganzen Flors einer Landwirthschaft ersichtlich wurde, müssen wir

T:

	Procent	
1. Luzerner Klee	8	in Vitriolsä
2. Esparsette	26	. .
3. Pimpinelle	30	. .
4. Möhren	16	. .
5. zahme Kartoffel	30	. .
6. Groß Spargel Gr.	24	. .
7. Mohn	5	. .
8. Waid	18	. .
9. Tabak	16	. .
10. wilde Kartoffel	17	. .
11. weisse Rüben	33	. .
12. weisses Kraut	32	. .
13. Spinat	28	. .
14. Spargel	33	. .
15. Hanf	34	. .
39. Roggen	16	.
40. Haber oder Hafer	6	.
41. Gerste	15	.
42. Eichelhafer	8	.
43. Einkorn	11	.

wir zu vorderst, um uns dieser Vollkommenheit zu nähern, auf die Erhaltung solcher Felder unser Augenmerk richten, welche theils zum Getraidebau nicht zu gut, andern theils aber auch zu dem Anbau der übrigen Gewächse, die bessere Felder verlangen, nicht zu schlecht sind.

Nehmen wir, dieß zu berichtigen und auseinander zu setzen, die Bestandtheile der Getraidearten: des Waizens, Spelz, Roggens ꝛc. Der ersten also und vorzüglichsten Gewächse des Ackerbaues, und auf der andern Seite die nicht minder nöthigen und nützlichen zur Bedürfniß unsers Lebens unentbehrliche Pflanzen: Lein, Hanf, Kraut, Cartoffeln, Tabak ꝛc. die mehresten und wichtigsten Futtergewächse ꝛc. an: vergleichen wir solche in Rücksicht der mehr oder mindern auflöslichen Theile: so sehen und bemerken wir aus diesen, daß eine neue Eintheilung — eine neue Vermischung des Erdreichs und der Felder in jener Rücksicht ohnumgänglich nothwendig seyn.

Aus diesen Gründen veranlasset, nehme ich also sogleich im Allgemeinen, es verstehet sich da, wo es die mineralogische Beschaffenheit des Landes gestattet, zweyerley Arten von Feldern, an. Nehmlich:

I. Fel-

I. Felder zum Getraidebau allein bestimmt, welche 50. Procent auflöslicher Erden, und zwar 30. Proc. in Scheidewasser und 20. Procent in Vitriolsäure auflösbarer Theile besitzen, und dann

II. Felder, die so viel als die Kunst vermag, 70. auch 75. Procent auflöslicher Theile, nehmlich: 50. Procent in Scheidewasser und 25. Procent in Vitriolsäure auflösbarer Erden, enthalten.

Die Benutzung dieser also gemischten Felder wäre nun diese:

Erstlich: Auf Nro. II. würde ich alljährlich unter gehöriger Abwechslung und öfterer Aufstreuung der den erbauten Gewächsen nöthigen salzichten Theile, die zwar auch ganz ohne allen Dung, er seye animalisch oder mineralisch erzogen werden könnten, alle diejenigen Pflanzen anbauen, welche über 50. Procent in Scheidewasser auflöslicher Theile besitzen, und diese sind:

Esparcette, Luzerner Klee, Pimpinella, Mohren, Cartoffel, Spergelkraut, Mohn, Waid, Tabak, weise Rüben, Viehrüben, weises Kraut, Spinat, Spargel, Hanf, Lein, Steinklee, Erbsen, Reps, Carviol, Oehldotter, und

Zwey-

Zweytens: Auf Nro. I. würde ich alle diejenigen Gewächse in der bisherigen Ordnung anpflanzen, welche obigen Procenten nicht entsprechen, und diese sind:

Waizen, Speltz, Emmer, Eimkorn, Roggen, Gerste, Mais, Hafer, Haidekorn, Linsen, Wicken, Hirse, Thimotheusgras, Saubohnen, Millz, rother Klee, Schwaden, Futtertrespe, Honiggras.

Nach Verfluß von 25. 30. Jahren, würde ich nach und nach mit diesen Fluren, fals es die Lage, Umstände und Bestandtheile erlauben würden, umwechseln, nehmlich Nro. 2. in Nro. 1. und lezteres in ersteres umändern. Da die Felder durch den ununterbrochenen Anbau innerhalb dieser Reihe von Jahren ihre Bestandtheile oder Eigenschaften allerdings verändern — so ändern, daß Nro. 2. höchstens 40. Procente auflöslicher Theile annoch besitzen, und auch Nro. 2. nicht mehr der ersten Güte entsprechen würde; so wäre ein dergleichen Wechsel wo nicht nöthig doch nützlich.

So richtig nun diese meine Schlüsse sind, so sehr sie mit der Erfahrung übereinstimmen, und so nützlich sie auch in der Ausführung seyn würden, so vielen Widerstand fühle ich doch von Seiten solcher Oekonomen, die alles Neue hassen und getreu der Väter Sitten sind. Da diese nun nichts als die Zeit empfänglich für dergleichen Vorschläge macht, so füge ich zu deren Behuf, vorzüglich aber zu dem Gebrauch derjenigen, die theils wenig Feldungen und hier nicht mehr als sie zur Erbauung ihrer benöthigten Bedürfnisse nöthig haben, theils aber für solche, welche durch Landesgesetze oder Kargheit der Natur von der Befolgung abgehalten werden, hier einige Tabellen, Nro. 2. 3. 4. und 5. an.

Nro. 2. zeiget den Anbau eines Feldes in 7. Fluren abgetheilet an. Für mehrere Gegenden, wo es an Wiesen und öden Plätzen, die man zum Anbau der perennirenden Gewächse bestimmen konnte, fehlet, ist sie vielleicht nicht ganz verwerflich.

Bey Nro. 1. 2. 3. und 4. richtet man es jederzeit so ein, daß auf den Klee eine Sommerfrucht folget, durch deren Anbau das Unkraut, welches der Klee nicht so ganz zu vertilgen im Stande ist, weggeschaffet wird. Heidekorn, Mais, die so vortrefliche, so sehr ver-

Zu pag. 128.

	1.	2.	
1790 - 91.	S. Frucht *a*)	W. Frucht *b*)	Gers
1791 - 92.	W. Frucht	Gerste	Klee
1792 - 93.	Gerste	Klee	S.
1793 - 94.	Klee	S. Frucht	W.
1794 - 95.	S. Frucht	W. Frucht	Gers
1795 - 96.	W. Frucht	Gerste	Klee
1796 - 97.	Gerste	Klee	S.
1797 - 98.	Klee	S. Frucht	W.

a) und *b*) wird gleich nach der Erndte,
c) wird mit Klee und Futtergräsern aus
d) wird anfangs mit Gerste ausgesäet.
e) hierunter ist Haidekorn, oder Mais
... abwechselsweise Weizen, Spelz,

1stes Jahr 1790 - 91.	Walzen, od Rüben, S
2tes Jahr 1791 - 92.	Gerste rc. u Hafer, Sahr einige M des folgender das Feld gehnn im Augu
3tes Jahr 1792 - 93.	Reps: ist d ent-weder so nd erhält d er, man rüst zur gehörigen

verkannte Getraidart, Cartoffel, Erbsen, Saubohnen, könnten wechselsweise dazu genommen werden.

Der Anbau des Spergulgrases, Gemäsches rc. lit. a-b vorgeschlagen, wäre sehr vortheilhaft, besonders wenn man den, jedem Gewächse zukommenden Dung, auch wo es nöthig ist, Verbesserungsmittel dabey anwenden würde.

Nro. 3. ist nach den Bestandtheilen der Gewächse geordnet, und paßt vorzüglich für Felder von minderer Güte als ich Nro. 2. voraussezte. In lit. f. wird allezeit gedünget; es können also alle Dung- und Verbesserungsmittel hiebey angebracht werden.

Nro. 4. legt dreyerley Arten des Anbaues dar, und wird wie gewöhnlich gewechselt und behandelt.

Nro. 5. Ist zur Hebung des gewöhnlichen Fehlers beym Repsbau: der Vorbrache bestimmt, und ist auf Erfahrung gegründet. Man düngt alle 4. Jahre.

So viel nun von den Eigenschaften und der Eintheilung der Felder; nun auch ein Wort zum Beschluß über den animalischen Dünger.

Ich habe bereits in dem zweyten Theil bey Erzählung der, mit verschiedenen animalischen Düngern angestellten Versuchen, einige Winke von der Verschiedenheit der Bestandtheile der animalischen Dünger gegeben, und hierinnen eine den Bestandtheilen angemessene Auswahl anempfohlen.

Um nun dem Landwirth diesen so schweren Auftrag, der ihm bey seiner Möglichkeit eben so gordisch ist, als das unerfüllbare Verlangen der nach der alten Theorie erzogenen Lehrer: hier öhlichten, dort salzichten Dung mit diesem oder jenem kalten, warmen, leichten oder schweren Erdreich zu vermischen — abzunehmen, führe ich hier die Bestandtheile der Dungmittel nach denen, der Gewächse an, und theile ihn zu mehrerer Brauchbarkeit:

1) in alkalischen.
2) in mittelsalzichten.
3) in thon- und bittererdichten, und
4) in kalkartigen Dung,

ein.

Unter dem alkalischen Dung verstehe ich denjenigen, der gegen die Mittelsalze gerechnet, ein Uebermaas freyen Laugensalzes, führet, und dahero vorzüglich für solche Gewächse se passend ist, welche laut der Procent-Bestimmung, sehr vieles oder doch mehreres Laugensalz als Mittelsalz besitzen.

Unter den Mittelsalzichten meyne ich solchen, der weniger Laugensalze als Mittelsalze, vitriolisirten Weinstein, Gyps, Digestiv- und Kochsalz führet.

Unter Thon- und Bittererdichten, den, welcher aus mehr in Vitriolsäure, als in Scheidewasser auflöslichen Erden bestehet, und dahero für alle dergleichen Gewächse, welche laut der Tab. I. sehr viel hievon verlangen, sehr brauchbar ist, und

Unter dem kalkartigen allen denjenigen, welcher in Ansehung des erdichten Gehalts gegen die anderen Erden gerechnet, Ueberfluß an in Scheidewasser auflöslichen Theilen besitzet.

1. Alkalischer Dung.

Dieser entstehet überall da, wo:

Luzerne, Weißkraut, Futtertrespe, Burgunder- oder Runkelrüben, weise Rüben, Möhren, Cartoffel, Honiggras, Crappkraut, Esparcette, Saubohnen, Spinat, gefüttert, und mit Geströh von Heidekorn, Saubohnen, Mohn, Leindotter, und Stengeln, von Wald, Tabak, Cartoffeln gestreuet wird.

2. Mittelsalzichter Dung.

Dieser wird da erhalten, wo Kohlrabi unter der Erden, rother Klee, Spergulgras, Pimpinella, Thimotheusgras, Miliz, Wicken, Erbsen, Linsen (Geströh oder Samen), gemeines Wiesenheu, Gersten- Hafer- Reps- Sommerkorn-Stroh gefüttert, und mit Weizen- Spelz- Emmer- Einkorn- Stroh, Blättern ꝛc. gestreuet wird.

3. Thon- und Bittererdichter Dung.

Diesen erzielet man, wo Linsenstroh, Mais, Saubohnen, rother Klee, Honiggras, Futtertrespe, Pimpinella, Haidekorn, Eichelhafer, Erbsen, entweder gefüttert, oder aber leztere, so wie das Stroh von Spelz, Emmer, Einkorn, Roggen, Schwaden, gestreuet wird.

4. Kalkartiger Dung.

Dieser wird da vorzüglich erhalten, wo Steinklee, Luzernerklee, Möhren, gefüttert, und mit Stengeln von Tabak, Mohn, Leindotter, und Blättern von Eichen- und Buchenholz gestreuet wird.

Auszüge

aus den sämtlichen

Mayerischen Schriften.

I.

Briefwechsel
mit
Herrn Stephan Gugenmus
zu Handschuchsheim in der Churpfalz.

Hochwohlehrwürdiger,
Insonders hochgeehrtester Herr!

So lange verweilten Sie in der Pfalz, an so vielen Orten waren Sie auf Untersuchungen in unsrer Landwirthschaft aus? Selbst in Handschuchsheim sind Sie gewesen, und ich habe die Ehre vermissen müssen, Sie zu sprechen, ich, der ich doch schon so oft und so sicher in meinem Lieblingsgeschäfte, in der Landwirthschaft, von Ihnen geleitet worden bin.

Ich bin nun Landmann aus einem Candidato sancti Ministerii gebildet; Ich lebe hier als Pachter ganz einsam, doch auch daben ganz vergnügt; ich studiere nun auf Klee, Krapp und Viehzucht, und denke so auch als guter Christ zu sterben. Ist mir aber dieser Schritt verzeihlich — etwa auch nützlich?

Belehren Sie mich hierüber, jezt scheine ich mir selbst noch zu wanken und kann mich etwa noch abändern. Verzeihen Sie meiner Freyheit und glauben, daß ich Sie gar sehr oft umarme als

Euer ꝛc. ꝛc.

gehorsamer Diener,
Stephan Gugenmus.

Handschuchsheim bey
Heidelberg den 30. Sept.
1770.

Willkommenster Freund!

Unter diesem Charakter des Freundes will ich mich künftig mit Ihnen besprechen, legen Sie alles was Complimente heißt bey Seite, sie nutzen nichts und halten nur auf.

In der Pfalz, ja, da bin ich gewesen und da — recht vergnügt. Aber in Wahrheit! das thut mir sehr leid, daß ich Ihre Bekanntschaft nicht auch erhielte; ich war in dem Orte Ihrer Wohnung; Ihre Pflanzungen sah ich an, Herr Professor Wetekind hat mir von Ihrer Harscherischen Pachtung gesagt; Handschuchsheim liegt schön, die Aussicht ist vortreflich,

treflich, der Feldboden so fruchtbar, daß er erwünschter nicht seyn könnte; mich wundert nicht wenn der Acker von 120. Quadratruthen mit 800 fl. bezahlet wird.

Das erste was ich Sie bitte: Sagen Sie mir doch, wie sind Sie aus einem Theologen Landwirth geworden? Sodann sage ich auch Ihnen, was ich von Ihrem Wechsel halte.

Im Voraus aber jetzt nur noch so viel. Ist Ihre Neigung landwirthschaftliches Gewerbe, so ist es doch nicht Ihre Profession, mich deucht: Sie könnten Pfarrer und Landwirth zugleich seyn; der bin ich auch, und dabey befinde ich mich wohl. Der Unterschied den ich dabey habe, ist der: ich bin Pfarrer von Profession und Landwirth in den Stunden meiner Erholung. Mein Garten ist mir genug zu meinen Versuchen, genug zum Vergnügen und dabey noch Excursionen auf die Felder meiner Bauren, Unterredungen mit ihnen, und dann — mein Tisch, auf welchem ich arbeite, und auf das Wohl meiner Mitmenschen sinne, — ich überlasse die ganze Praxis meinen Bauern, die Theorie ist nur der Theil, den ich mir wählte; weil ich sehe, daß

 beides

beides zugleich zu wählen, gar wenigen meines Standes glückte.

Ich bin von Herzen

Werthester Freund

Ihr

ergebenst treuer Freund,

J. F. Mayer.

Kupferzell,
den 10. Oct. 1770.

S. T.

Liebster Freund!

So habe ich das Vergnügen, ein Schreiben von Ihnen zu haben. Ich begreife es nur allzuwohl, daß Sie mit wichtigern Geschäften überladen sind, als daß Sie jeden gleichgültigen Brief zu beantworten nöthig finden sollten; aber man hat manchmal auch nöthig auszuruhen und den Geist zu ermuntern, und hierzu dienen, meyne ich, die freundschaftlichen Briefe, die Leute von redlichem Herzen einander ohne allen Zwang und Complimenten zusenden müssen.

Nun damit ich nicht selbst gegen diese Regel fehle, will ich Ihnen sogleich sagen, warum ich von einem Geistlichen auf einen Pachter herabgefallen. Ich muß Ihnen zum Voraus sagen, daß ich ein Bauer von Natur war. Mein Vater, der in einem Landstädtchen wohnte, besaß ein Gut von etwa 50. Morgen, er hatte die Gewohnheit, seine Kinder alle Handarbeit im Haus und Feld verrichten zu lassen, dieses machte, daß ich alle Feldarbeiten wußte, ehe ich noch 12. Jahre alt war. Meine Eltern starben mir sehr frühe, und mein Schulmeister, welcher der gescheideste unter meinen Anverwandten seyn wollte, glaubte, ich müßte studieren. Mein Beruf war also festgesezt.

Ich reißte schon in meinem 18ten Jahr nach Marburg, der Krieg vertrieb mich aber nach 2. Jahren nach Jena. Hier begrif ich nun gar bald, daß ich mein eigner Herr wäre; ich lernte den D. Daries kennen, dessen Lehrsätze mir weit besser einleuchteten, als die trockne Theologie in Marburg. Nun fieng ich an, Philosophie, Policey, Historie und Oekonomie zu hören. Leztere hörte ich ein Jahr

lang

lang privatissime mit noch 5. Comilitonen bey Daries. Niemand war geschickter, junge Leute zu Oekonomen zu formiren, als eben der, welcher mir auch den Kopf so mit Arcanis voll setzte, daß ich mir fast vornahm, ein Oekonom von Profession zu werden. Nun war aber eine Hauptschwierigkeit, die mir damahls gleich einfiel: die Oekonomen kriegen aber nirgends Besoldung, wie wird es also hiemit einst aussehen? Ich fand es derowegen immer noch rathsam, so nebenher geistlich zu studieren, um aus lezterer Wissenschaft mein sicheres Brod, in ersterer aber mein Vergnügen zu finden.

So dachte ich noch, als ich von Jena nach Heidelberg kam, wo ich einige Jahre studieren mußte, um zu einer Bedienung im Lande gelangen zu können. Hier mußte ich nolens volens mehr in die Schule als in Collegia gehen, die ich freylich so schlecht als es seyn kann, besuchte, zu Haus aber desto fleisiger, alle Arten von ökonomischen, chymischen, mathematischen und physikalischen Büchern laß, über welche Wissenschaften ich in Jena 3. Jahre Collegia gehöret hatte. Mit allem dem war ich doch so weit in meiner

Theologie gekommen, daß ich mich Ao. 1762. in Heidelberg zum Candidaten machen lassen konnte. Hierzu braucht man eben so gar viel nicht zu wissen; genug ich war Candidat, und glaubte noch so viel Geld übrig zu haben, daß ich auch die Welt nach Süden und Norden besehen könnte.

Lausanne und Genev waren also die zu meinem Aufenthalte gewählten Städte. Ich hatte nichts zu versäumen, denn ein reformirter kurpfälzischer Candidat kann die halbe Welt durchreisen, bis die Reihe an ihn kommt; ich lebte also hier vergnügt, jedoch war auch hier die Oekonomie meine hauptsächlichste Beschäftigung.

Ich reisete endlich wieder nach Hause, zweifelsvoll, ob ich die Theologie öffentlich aufgeben sollte oder noch nicht.

Ich hatte auf meinen eigenen Gütern mit dem Krappbau im Kleinen, und nachher im Grosen sehr nützliche Versuche gemacht; dieses bewog mich Ao. 1765. mit noch einem guten Freund aus dem Durlachischen in der Gegend von Breysach ein kleines Gut zu erpachten. Ihro Durchlaucht der Herr Marggraf bezeugten

ten meinen Unternehmungen damahlen so vielen Beyfall, daß höchst Sie auch meine Anlagen bey einer Durchreise selbsten besichtigten. Einige mißgünstige Beamte nöthigten mich aber, jenes Land zu verlassen, welches doch einen so gar guten Herrn hat. Ich habe zwar jenes Gut annoch in Bestand, komme aber wenig dahin, und lasse es durch Knechte besorgen.

Der sich immer weiter ausbreitende Krappbau hat mich endlich vor drey Jahren mit Herrn Harscher bekannt gemacht, welcher dieses Färbegewächse in seiner Zitzefabrique sehr nützlich gefunden, und mir sein ganzes Gut zu diesem Anbau eingeraumet. Ich bezahle ihm jährlich 2400. fl. Pachtzins, ohngeachtet solches nur 108. hiesige Morgen beträgt *). Ein andres von 400. Morgen habe

*) Diesen Pachtzins gab Gugenmus so lange er lebte richtig. Zuvor brachte das Gut nur 5 • 700. fl. reinen Ertrag, wurde für 18000. fl. erkauft, und für 48000. fl. verkauft. So sehr erhöhete er durch gute Cultur den Kaufpreis. Das Gut bestand eigentlich aus 108. Morgen Ackerland und 8. Morgen Wiesen. Die Wiesen ließ er bis auf 2. Morgen

be ich eine halbe Stunde von Mündenheim in Mausach in Gesellschaft übernommen. Dieses bestehet

gen umbrechen und zum Klee- und Gemüsbau verwenden. Von den Aeckern legte er 66. Morgen zu Klee, 40. zu Krapp, und 2. zum Hopfenbau an. Von den Krappäckern wurden alle Jahre 20. Morgen ausgemacht, und sogleich wieder mit Klee eingesäet. Ebenfalls alle Jahre wurden 20. Morgen Klee-Aecker umgebrochen und mit Krapp angesezt, daß also die Kleeäcker, wenn sie 3. Jahre gestanden, umgebrochen, und mit Krapp angepflanzet wurden. Auf diese 40. Morgen Krapp wurde allein Dung verwendet, und auf jeden jährlich 10. Wagen gerechnet. Die Kleeäcker wurden mit Gyps und Haalbötzig wohl unterhalten. Das Krappkraut wurde gedörrt und als Heu verfüttert. Die Stallfütterung ist gleich von Anfang seines Bestands eingeführet worden. Es standen 25. Stück Schweizer-Vieh da, so bald die ihm Hinderniß verursachende Schäferey abgeschaft wurde, stieg diese Anzahl auf 54. Stücke. Neben den hier angeführten Pachtgütern hatte er eines zu Hechhausen bey Heilbronn, und über 50. Morgen besaß er von den Mannheimer Bürgern. Die blühenden Krappfabriquen zu Heidel-

bestehet aus lauter Flugsandbückel, da das hiesige aus schwerem Felde zusammengesezt ist *).

Sehen Sie also das Ende meines bisherigen Lebenslaufs. Ihre Werke erwarte ich mit vieler Sehnsucht, es geht dermahlen sehr hungrich in der ökonomischen Welt her, was man lieset, sind meistens wiedergekäute Sachen. Bey Ihnen findet man immer was neues, es seye nun ein theoretischer Vorschlag oder praktischer Versuch.

Ueber den Krapp wären wir doch wohl auch einig. Ich wünschte, daß sie sein Nützliches erkennten, oder mich vom Gegentheil überzeigten. Es scheint zum Besten der Wissenschaften nöthig zu seyn, daß wir uns privatim belehren, damit das Publikum nicht durch unsre öffentliche Widersprüche irre gemacht und die Wissenschaft selbst verächtlich werde. Ich habe dieses sonderlich an Herru B.......

ge-

Heidelberg, Neustadt, Mannheim rc. beweisen, daß Sügenmus ein Mann war, der seinem Vaterlande sich aufgeopfert hatte.

*) Dieses Gut soll sich sicheren Nachrichten zufolge in den ersten Jahren ganz bezahlt gemacht haben.

getadelt, daß er Ihnen als einem Mann, welcher unter den neuern Oekonomen unstrittig den meisten Beyfall verdienet und wirklich erhalten hat, mit allzuwenig Bescheidenheit begegnete. Es waren Schulfüchsereyen, welche er gegen Sie vorbrachte. An seinem Herrn von M..... hätte Herr B. bessere Gelegenheit, seinen Witz zu exerciren. Dieser ist der elendeste Scribent von der Welt, und diesen erhebt er doch über alles.

Meine Kleeäcker und Schafe wollen sich nicht vertragen. Figatur figulum, o dis trift auch hier ein. Ich küsse Sie und bin mit ausnehmender Hochachtung

Dero

wahrer Freund
Stephan Sugenmus.

Sehr werther Freund!

Nun da mir Ihre ganze Lage bekannt ist, kann ich Ihnen auch, als Ihr Freund rathen.

Ihre Umsattlung ist also ganz natürlich. Kurz es zu sagen: das Projekt mit Ihnen, war ein Schulmeistersprojekt, so ich für Sie besser überdacht gewünscht hätte. Warum mußten Sie vom Pfluge genommen und auf die Kanzel gestellt werden? Verkehrte Begriffe so vieler Kinder niedrer reicher Eltern wider die Neigung zu Gewerben, wozu sie nicht bestimmt sind, zu erheben! Ob Ihnen der Uebergang zur Oekonomie, da Sie selbst praktisch darinnen arbeiten, nützlich seyn werde? — Freund! dieß glaube ich nimmermehr. Ich wünsche aber gleichwohl, Ihnen aber blos zu gefallen, daß Sie mich einst, wenn Sie mir Ihre erworbene grosse Reichthümer vorzeigen, eines andern belehren! Haben Sie Acht, ich betrüge mich nicht.

Wenden Sie mir ja nicht ein: aber jener Beamter als Bauer gewinnt doch viel. — Haben Sie seine Einnahme und Ausgabe gesehen? überrechnet? — Sehen Sie sie doch in 5. und in 10. Jahren wieder — und ists denn auch da Wunder, wenn man da gewinnet: wo der Herr den Bauern hat, und der Amtmann die Frohnen? Wenn Sie einst wie ich 50. Jahre zurückgeleget haben, dann sprechen wir uns über dieses Kapitel noch einmahl wieder!

wieder! Was? Mit Ihnen über Ihren Krappbau einig! Nein, nimmermehr Freund! Mir hat den Krappbau Herr von Pfeiffer mündlich empfohlen; alles was er sagte, hatte Grund; ich bemühete mich äusserst, Krapp-Pflanzen zu erhalten, ich bote für ein Dutzend eine Dukate, ich erhielte sie nicht, denn nirgends wo in Teutschland fand man sie vor; ich ruhete nicht, ein Freund aus Rotterdam fuhr auf meine Bitte nach Seeland, stahl da ein Paar hundert und brachte sie mir selbst in seinem Sacke heraus. Ich pflanzte sie, sie bekamen, ich bekam der Wurzeln sehr viele; allein, welche Arbeit? Der Taglöhner entlief beym Ausgraben aus schwerem Felde, es war bald zu naß bald zu trocken, die Wurzeln blieben stecken — wie sie zu dörren? wie Krapp zu machen? zu mahlen? wie abzusetzen? Kurz! ich war des Dings bald müde. Ich wünschte mir Sandfeld — kein so schweres, wie Sie in Handschuchsheim haben: dies aber hatte ich nicht. — Leute, die der Handgriffe gewohnt waren, die fand ich nicht, — fort mit den Kielen! verschenkt! baue sie wer da will — ich nicht! nimmermehr wieder!

Was ich Ihnen da vom Krapp sagte, das sage ich Ihnen von allem dem, so Sie als Feldbauer zu treiben gedenken: schwerlich wird es Ihnen in etwa einer Unternehmung zu grosem Gewinne gelingen; glauben Sie mirs *). Es ist wahr, Ihre Einsichten, wie Ihre Schrift in den Bemerkungen der ökonomischen Gesellschaft zu Lautern vom Jahr 1769. zeuget, und Ihre hier wieder zurückgehende Berechnungen **) erweisen, ist sehr gut und gros und dem Anscheine nach ungemein richtig; allein mein Freund! alle Einsichten nutzen uns nichts, so lange der lüderliche ungetreue Pöbel unser Knecht ist. Sie rechnen stets auf gut Glück, nie auf den Fehler: — wie werden Sie am

Ende

*) Daß Sugenmus alle die hier angeführten Schwierigkeiten glücklich gehoben, beweisen die noch im grösten Flore stehenden Krappfabriquen. Wäre er minder unbeständig in seinen Unternehmungen gewesen, und hätte die Farce nicht ihm den Faden in der Mitte seiner Laufbahn abgeschnitten, so würde der glücklichste Ausgang seine Arbeiten gekrönet haben.

**) Diese Berechnungen sind in den Bemerkungen der Churpfälzischen ökon. Gesellschaft v. Ao. 1771. eingerückt.

Ende in Ihrer Rechnung bestehen? Das, was Ihnen noch zuträglich und gut ist, ist das, daß alle Landwirthe in der Pfalz an Herrn Minister von Zetwiz einen Mäcen haben, und daß Sie insonderheit mit dem Herrn von M... in Allianz stehen Einige andre Puncte Ihres Schreibens wie im Vorbeygehen noch zu berühren!

Ihr Ausspruch über Hn.. ist mir zu boshaft, mich deucht, sein Produit net habe viel Gutes. Ja nicht zu hitzig! Sie möchten viel Gutes unterdrücken. Thun Sie nach Ihrem in Ihrem Brief angenommenen Satze! Des Hrn. B... Angrif war mir freylich lächerlich, -- Geduld! ich werde ihm einschenken. Schreiben Sie nur oft

Ihrem

standhaften Freund
J. F. Mayer.

Kupferzell,
den 29. Dec.
1771.

II.

Briefwechsel
mit
Sr. Hochgräflichen Excellenz
Herrn Grafen von der Schulenburg.

Hochgebohrner Graf,
Gnädigster Graf und Herr!

Unter so vieler Hofnung, Ew. Hochgräflichen Excellenz etliche Bauern als neue Ansitzer mit einem Verwalter zuschicken zu können, ließ ich diejenigen, die sich anfangs dazu angaben, und welche die nun so gnädig beantwortete Fragen aufwarfen, rufen. Wie gros war aber nicht meine Verwunderung, als sie mir einmüthig sagten, daß sie ihren Sinn geändert hätten, und nimmermehr abgehen würden. Mich über die Ursache belehren zu lassen, fragte ich nach solcher: sie sagten: sie hätten unter der Hand erfahren, daß zu Hehlen die Leibeigenschaft, die täglichen Frohnen mit Hand und Vieh eingeführt wären; daß die Schäfereyen dorten mehrentheils denen Herrschaften zustünden, welche dem Bauern nicht gestatteten, seine Feldgüter

güter so zu nützen, als er es verstünde und könnte. Eine solche Verfassung gestatte nun schlechtweg keine Verbesserung. Der Bauer könne so niemalen bestehen; ihre Einsichten und ihr Fleiß sey da vergeblich, sie würden unglücklich, der Landsherr würde nichts gewinnen, und kein Eingebohrner würde das Erlernte so wenig anwenden können, als sie selbsten. Ich sagte ihnen, daß sie sich die Sache zu gefährlich vorstellten, und sie hätten ja die gnädigste Zusicherung hier, daß sie nur alle 14. Tage einen Tag, in der Ernde überhaupt nur 6 Tag zu frohnen hätten, sie erhielten Haus und Hof geschenkt und genössen überdies Freyjahre, was sie dann also noch weiter in der Welt wollten. Ich mochte nun sagen was ich wollte, so war doch alles Reden vergeblich. Ich muß es gestehen, wider alle ihre Einwendingen war mir auch nicht möglich zu bestehen.

Sie willigten, zu glauben, wenn ich sagte: der, welcher freygebohren sey, sey in Niedersachsen so wenig leibeigen, als hier ausen; allein sie wendeten ein: wenn dem Vater seine Kinder, wenn sie nun erwachsen und ihm unter den Arm greifen könnten, entrissen, und zu Bauern zu Soldaten umgeschaffen würden,

den, so sey das Leibeigenschaft genug, hier aussen zahlten sie Contribution und kauften damit ihre Söhne von dem Soldatendienste auf immerdar los. Was wollte ich antworten?

Sie fuhren fort, ihre nähere Meynung über den Frohndienst unter dem äusersten Eckel vor demselben zu erklären. Zur Frohn dienen, sagten sie, ist eben so viel, als wenn man dem Kalb die mütterliche Milch nimmt, und doch sein Wachsthum erwartet; durch die Frohndienste werde man natürlich gehindert, sein Feld gehörig zu bauen, man verschleppe Fütterung und Dung auf Strassen und fremden Feldern, das eigene werde nicht gehörig gedungt, das Vieh würde zu sehr mitgenommen, und so mache alles und jedes den Bauern verdrossen zur Arbeit.

Und wenn endlich auch die Frohnen wie ihnen gnädigst zugesagt sey, in Hehlen so häufig, wie sonsten wo, nicht gefordert werden sollten, so würden sie doch durch den Schäferenzwang sehr vieles leiden und in vielen ihrer besten Absichten wieder zurück gedrückt werden. So üble Aussichten versprechen ihnen einmal

nichts

nichts gutes; sie könnten sich also zu der Abreise nie entschliesen.

Was konnte ich da noch hinzu denken, da ich schon selbst wie sie dachte und schrieb.

Aus der Natur der Sache war es mir jederzeit verständlich, daß das Landvolk bey Frohndiensten, bey der Wegnahme zum Soldatendienste, bey der Hinderung am Feldbau sich nicht empor heben könne, aber lange wußte ich mich nicht hierein zu finden, woher es käme, daß Landleute, welche mit Geldabgaben auf das fühlbarste gedrückt werden, dennoch sehr wohl bestehen, andere aber dagegen, die kaum die Hälfte an Geldauflagen bezahlen, verderben.

Das Aufsuchen beider Umstände hat mir endlich doch dazu geholfen, daß ich nun die Ursachen überall in der Erfahrung sichtbar erblicke.

Der Mensch, welcher das in ihm unzuvertilgende Gesetz: plus ultra, fühlt, wird durch dasselbe beständig gespornt, sich wieder zu erheben, und er erhebt sich auch würklich so lange, als er Gelegenheit und Kraft dazu vorfindet.

So ist nun der Bauer auch. Man hat lange geglaubt, daß ein jedweder Druck, er bestehe in Kriegsunruhen, Gelderpressungen, im Taxe und dergl. verderbe; bey allem diesem bestehet er doch. Ich könnte mehrere Länder nennen, die die heftigsten verderblichsten Kriege anfielen, wo die Geldforderungen unter allerhand Rubriken bis auf den Taglöhner herabgestiegen sind, wo der Bauer dennoch nicht nur wohl bestehet, sondern auch empor kömmt.

Ich weis aber auch andere Länder, wo solche Gelderpressungen nicht halb so gros sind, wo der Landmann in einen leinenen Sack gekleidet ist, wo er doch weder bestehen noch fortkommen kann.

Der Unterscheidungsgrund ist wohl hierbey kein anderer als der, daß jene Länder bey alle dem Druck, doch gerade von dem, wodurch sie sich fortschwingen können, frey sind, diese aber gerade in diesem gelähmt werden, wodurch ihnen die Erhebung nur möglich werden könnte.

Der Krieg, die Gelderpressungen, lassen immer noch Freyheit, das Feld richtig zu bauen, zu handlen, ja sie geben noch Gelegenheit und Antrieb dazu.

Allein

Allein wie will da der Landmann bestehen, wo ihm durch die Frohnen die Zeit sich umzuschauen, genommen, und sein Vieh zu Grunde gerichtet wird, der seine Felder gar nicht oder nicht hinlänglich genug bearbeiten kann.

Der Bauer ist wie eine Ameise, man hat jener ihren Haufen kaum zerstört, so steht er durch verdoppelte Arbeit doch bald wieder da; Ich wundere mich über alle die Herrschaften, die ihre Länder und Unterthanen gern empor heben, und doch die Frohnen beybehalten, die Plage des Wildprets und der Schafe unterhalten, die junge Mannschaft dem Pfluge entreissen und zum Soldatenstand zwingen. —

Die Frohnen fielen von sich weg, wann sie ihre Kammergüter an Unterthanen verkauften, sie mit Gült und Steuern belegten, und so von ihnen gewislich mehr Ertrag hätten, als wenn sie solche durch Frohndienste bauten, oder selbst administrirten. Ew. Hochgräfliche Excellenz sehen meine ökonomische Gedanken als ökonomisch gedacht, gnädigst an, so ganz erbaulich sind sie eben für jedweden Herrn nicht; ich bin es aber schon im voraus

aus überzeugt, daß Höchstdieselbe sie schon längst also gedacht und niemals verneint haben.

Mir thut es herzlich leid, daß ich mich ausser Stand sehe, in der Sache einer Kolonie von unsern Bauern ferner zu rathen, und ich sehe auch keinen andern Rath für mich, als diesen: daß entweder Höchstdieselbe Jemand hieher senden, der die Art unserer Landwirthschaft hieraußen annimmt und sich solche bekannt macht.

Unterdessen wollte ich unterthänigst wünschen, daß Ew. Hochgräfliche Excellenz die Schäfereyen, und höchstdero eigene Güterstücke an die Unterthanen verkauften, solche mit jährlichen Kanons belegten und von der Kaufsumme aus einer Bank, die Zinse zu ziehen geruheten: ich wäre gewiß, daß beide zusammen noch einmal so viel abwürfen und ausmachten, als Höchstdieselbe bey der Selbstadministration Gewinn davon einziehen. Ich bin unter allem Respekt

Ew. Hochgräflichen Excellenz

unterthänigst getreuester Knecht

J. F. Mayer.

Kupferzell den 1. May. 1771.

Wür-

Würdigster Herr Pastor!

So sehe ich aus Ihrem lezteren vom ersten May mit Verwunderung und Aerger meine Anschläge auf eine bessere Bauart und Viehzucht vereitelt und leer!

Mich verdrießt es, schon einige Anstalten zum Empfang gemacht zu haben. Doch es sey ferne Ihnen Vorwürfe zu machen: Sie haben alles gethan, was ein Ehrenmann thun kann, Ihre Bauern aber und der Verwalter, die ihr Wort besser hätten halten sollen, verdienen meinen Unwillen, hätten sie doch sämtlich bey mir gute Zeit gehabt!

Ich danke Ihnen vor Ihre gute Anschläge. Es ist wahr, Frohndienste sind böse Sachen, wie wollen aber Herrschaften ihre Güter auch wohl gebaut sehen *). Freylich wäre, die

*) Sollte die Erörterung dieser Frage so ganz unmöglich seyn? Mich dünkt, daß da das Zerschlagen der Güter nicht überall mit Nutzen vorgenommen und befolgt werden kann, es möchte wohl folgender Vorschlag, wenn es wahr ist und zugegeben wird, daß durch Verkleinerung grosser Höfe, — gänzlicher Benutzung der Brachen und Beschäftigung mehre.

die Güter verkauft, mit Auflagen belegt, das Geld auf Zinse gebracht, besser und erklecklicher; allein wir haben die Leute nicht, die so einen Kauf thun und zahlen können; unser Bauer ist so träge als sie nicht glauben; so hart gebacken und rauh sein Brod ist, ist er auch selbsten. Es geht dann da alles langsam, es ist weder Muth noch einiger Trieb. Darunter leidet Ochs, Acker, Wiese, von der Hand zum Mund, sorgenlos auf morgen, wenn wir nur heute Speckbohnen und Schlaf haben. Ich will es nur gestehen, daß die Schafe

mehrerer Hände dem Lande Vortheil verschaft werde, nicht der entfernteste vom Ziel seye: Man theile die Güter in mehrere Höfe ein, versehe jeden derselben mit einer passenden Anzahl Knechte und Mägde, übergebe diese der Aufsicht eines Hofbauern, die Höfe selbst aber einem Sachkundigen treuen Verwalter, einem Oekonomen, der ganz als ein Censor agrarius zu handlen Fug und Macht hat, und nicht von der Laune und Unwissenheit der Kammern, deren Vorsteher nicht allezeit Landwirthschaftskundige sind, abhängig ist; auf diese Weise wird der edle Wunsch der Grosen: das Land selbsten zu bauen, erfüllet bleiben, der Vortheile mehrere

se in kultivirten Landen viel schaden; wir haben aber dazu auch Einöden genug, wo man sie füttern kann, es müßte eben nicht auf Feldern geschehen. Wir sind selbst schuld, daß wir nicht Klee bauen; darin habe ich aber guten Vorsprung: ich habe der Kleefelder genug, und werde ihrer noch mehr machen. Aber, Herr Pastor! warum sagen sie mir in Ihrem letzten nicht von meinem jungen Page, den ich zu Ihnen schicken möchte, ihn bey sich zu haben, daß er mir Ihre Feldbauart doch noch hereinbringe? Es ist nicht genug, daß wir keine

Bauern

rere werden erlangt, sehr vielem Schaden wird vorgebeuget, und das Ungemach, das Sklaven ähnliche Ungemach des Landmanns: der Frohndienst, wird glücklich und mit Nutzen gehoben werden. Man erwäge und übersehe nur kürzlich mit einem Blicke die Vortheile, welche der verbesserte Anbau der Aecker — die gänzliche Benutzung der Brache, die stets bey grossen unübersehbaren Höfen als ein Unding betrachtet werden muß, vermehrter Viehstand, oder statt dessen Anbau nützlicher Fabriquen- und Handlungsgewächse, was verminderter Druck des Landmanns, und die Vermehrung des Feldbaus zu erzielen vermag?

Bauern erhalten haben, wir müssens noch nicht aufgeben, ich will die Frohnen wohl nachlassen, und so viel thun, als Sie selbsten begehren und vorschlagen. Wir müssen doch ihrer etliche anwerben, und sollten es nur Knechte noch seyn wollen.

Wir scheiden uns nicht. Sie müssen Ihr Wort halten; Hier will ich sie allerdings noch sehen, die Vorsicht hat Sie wohl hieher erlesen; Sie mögen Ihren Hypochonder mit Pyrmonter ersäufen, hier haben Sie ihn an der Quelle, wo er sehr gut ist. Sagen Sie mir nur immer viel Gutes!

Ihr

Graf Schulenburg.

Hehlen den 24. May 1771.

Nachschrift.

Wie fast ohnmöglich es ist, einen Knecht, eine Magd aus einem Land in ein anderes zu verschicken, wenn auch das eine von dem andern nur einige Meilen abliegt, das hat wohl

kaum

kaum Jemand so aus der Erfahrung erlernt und erprobt, als ich.

Ich lieferte in dem Briefwechsel mit seiner Hochgräflichen Excellenz, dem Herrn Grafen von der Schulenburg, einen guten Theil des hinlänglichen Beweises.

Ich wurde nachher noch von verschiedenen andern Ländern her ersucht, Knechte und Mägde zu werben, und sie unter den besten Bedingnissen zu übersenden; so erhielte ich darauf Briefe aus der Pfalz, aus Oestreich, aus dem Hessischen, Fuldischen, aus dem Ulmischen; allein alle meine Bemühungen, sie zu erhalten, reichten nicht zu. Zum Beweis jenes, so ich sagte, will ich nur ein Schreiben copiren:

P. P.

„Ich sage es ohne alle Heucheley, Ihre
„ökonomische Anweisungen und Nachrichten sind
„und bleiben meine Lieblingsschriften. Nur
„zur Ausführung der Vorschläge gebricht es
„mir an der Tüchtigkeit der Leute. Weder
„zum Gersten- noch zum Haber- am wenig-
„sten aber zum Getraidemähen sind Leute mit
„einer tauglichen Sense aufzubringen; Auch
„das Mergeln der Aecker, die Kenntnis wo

„Gyps aufzutreiben, wie die Maschine ohne
„viele Mühe selbigen zu zermalmen, wie gute
„Butter zu machen, ist noch blos in der Wie-
„ge. Wenn ein ehrlicher, treuer, fleissiger
„und lediger Knecht, welcher der in Kupfer-
„zell eingeführten Wirthschaft ganz kundig,
„und einen Wirthschafter, oder nach der Pro-
„vincialsprache, einen Meyer, abgeben kann,
„durch Ew. Hochwürden könnte gedungen, und
„mit den benöthigten Wirthschaftsinstrumen-
„ten anher abgeschickt werden könnte, oder mit den
„Modellen wenigstens; so würden Ew. Hoch-
„würden mich sehr verbinden. Ich würde ei-
„nen solchen Menschen hier anstellen, ihm jähr-
„liche Besoldung von 50.' Kaisergulden (macht
„leicht Geld 60. fl.) allenfals mehreres, als er
„zu Hause zum Genuß hat', und hier Orts
„eingeführte gewöhnliche Kost abgeben lassen.

„Ew. Hochw. belieben so gütig zu seyn,
„mir hierüber ihre Aeuserung vorläufig abzu-
„geben. Finden Sie sonsten Vorschläge, mir
„mitzutheilen, das ökonomische Fach zu berei-
„chern, vielleicht eine Gelegenheit von den
„Mostbäumen eine Lieferung zu machen; so
„kann es mir nicht anders, als zu einem be-
„sondern

„sondern Merkmahl Ihrer Güte gereichen, die „ich werkthätig zu verdienen und mit vollkom„mensten Hochachtung zu seyn, mich bestreben „werde

Ew. Hochw.

Joh. Baptista Zollern
erzbischöfl. Kanzler.]

Wien den 16. Jan.
1773.

Ein Bauernknecht hat bey uns etwa jährlich 30. fl, folglich waren diese 60. fl doppelter Lohn, doch waren sie kein Reiz aus dem Lande zu gehen, keiner war hierzu zu bewegen, wenn auch schon nachher noch mehr bis auf 80. fl geboten worden.

Nichts auf Erden also bleibt übrig, ein Land in dieser Sache und Aussicht ehe und gewisser umschmelzen zu können, als eine Landkommission, nach der in Hessen-Darmstadt, und die der Fürst, der sie so, wie da, durch den besondern, sich vortreflichst ausnehmenden Vigeur des Ministers handhabet, leitet und belebet.

P. P.

Hier sehen Sie das Schreiben eines Beamten an mich. Der Mann hat vielen Eifer und zugleich viele Kenntnisse, das kann ich Sie versichern; er versuchet auch alles; man mag ihm wohl trauen, doch möchte ich auch Ihre Gedanken hierüber lesen.

Ich weiß selbst nicht, was mir bey den Täufern, oder wie man die Kerls heißt: Menonisten ahndet; ich kann mich doch nicht wohl in ihre Manipulationen schicken. Ich finde von ihnen vieles gerühmt, und doch hin und her nicht so gefunden. Kennen Sie diese Leute, so möchte ich doch wohl verstehen, was Sie von ihnen halten; auch was Sie von des Hrn. B** Briefe halten oder daran vermissen. Der gute Mann soll doch wohl nicht an Stock laufen, er ist mir sonsten zu fürsichtig und verdient es, nicht angeführt zu werden. Es gibt Ihnen doch wieder Gelegenheit, mir was Gutes für meine Oekonomie zu sagen. Hehlen den 2. April 1773.

Ihr

Schulenburg.

P. M

P. M.

Ich habe es gewagt, bey meiner hier, und auf der H** habenden starken Hornviehzucht ad ppter 250. Häuptern, Leute aus dem Elsaßischen anzunehmen. Diese sind, weil sie Täufern, vorhin aus der Schweitz vertrieben worden, und da die Viehzucht ihr Hauptnahrungszweig ist, so ist ihre vom Hornvieh habende Wissenschaft ausnehmend. Ihr Wandel ist ohne Lug und Betrug, und ihre Liebe für den Principal unbeschreiblich groß. Bey 70. melkenden und 55. gästen Vieh, habe ich hier 3. Täufer, und auf der rothen H** auf gleiche Zahl eben so viel, bey jeder Heerde aber einen hiesigen Hirten, weil jene die Forsten nicht kennen. Diese 3. Männer thun alle dabey vorfallende Arbeiten. Sie füttern, misten aus, sie melken, buttern, käsen und waschen auch auf.

Ihre Speisen bereiten sie sich selbsten, und haben überhaupt keine Weibsleute nöthig, leiden auch solche, zumahlen bey ihrer Melkerey nicht.

Ihre Beköstigung ist nicht kostbar; Milch, süße Molken und Schmierkäse sind ihre Speisen.

Ausser der freyen Unterhaltung bekommt der Meister wöchentlich 1. Thlr. und jeder Knecht 16. Ggr. Dieser Lohn ist freylich hoch, dagegen würden 6. Personen von unsern Leuten zu so viel nöthig seyn. Ihre Reinlichkeit, besonders bey dem Geschirre, ist unnachahmlich. Sie melken Morgends und Abends, und so viel als möglich alle 12. Stunden; tadeln hingegen, wenn wie gewöhnlich, nach 8. und dann nach 17. Stunden gemolken wird.

Das Füttern machen sie so räthlich als ordentlich, und zwar auf folgende Art; des Morgends um 6. Uhr werden die Krippen ausgefegt, hierauf jedem Stück so viel Salz in den Mund gesteckt, als man mit 3. oder 4. Fingern greifen kann, alsdann wird Heu gefüttert, so viel, daß jedes Stück 2. höchstens 3. Pfund erhält. Während daß dieses verzehrt wird, verrichten sie das Melken, welchem man es gleich ansehen kann, daß unsre Mädchens es so gut nicht können.

Hierauf wird das Vieh zu 10. 12. Stuck zur Tränke gelassen, und während dieser Zeit gemistet, welche Arbeit bey einem Haufen von

80. Stück Vieh höchstens in einer halben Stunde geschiehet.

Die Fütterungsgänge werden alsdenn wieder gefeget, und jedem Stück 2½. bis 3. Pfund Krumstroh gegeben, nachgehends der Stall bis gegen 6. Uhr in Ruhe gelassen.

Sodann wird wie Morgends nach ausgefegten Futtergängen, Salz, hierauf jedem Stück 4. Pfund Stroh gegeben, und während der Fütterung gemolken aber nicht getränket. Das Futterschneiden halten sie nicht vor räthlich, und ich spare diesfals in 24. Wochen 60. Thlr. und 50. Schock lang Stroh an jedem Orte. Oehlkuchen lieben sie nicht, und wenn sie solche ja füttern, so werden die Kuchen fein gerieben und aus der Hand gefüttert. Sie sagen, das Oehlkuchen-Getränke seye eine der ersten Ursachen zum Verkalben und zu Krankheiten. Auf jeder Mayerey werden diesen Winter 100. Schock kleine Oehlkuchen ersparet à Schock 20. Ggr.

Sie leiden es nicht, daß das Vieh gescholten und geschlagen werde, weil es davon verkalbet. Einen sonst guten Hirten mußte ich darum abschaffen.

Ich habe es diesen Leuten zu danken, daß von 139. Stücken, so trächtig auf den Stall gekommen, kein einziges dieß Mahl verkalbet hat. Hier auf dem Amte verkalbten 21. Stücke. Die Kälberzucht geräth ihnen ausserordentlich wohl. Ein jung gewordenes und mit Salz gestreutes Kalb, bleibt nicht länger bey der Kuhe als bis es trocken. Sodann wird es gleich an die Kälberkrippen gebunden, und Morgends und Abends, während daß gemolken wird, zur Kuhe zum Saugen gelassen. Sie lassen die Kälber nicht zu lange aneinander saugen, lieber drey Mahl in den Morgen, und drey Mahl in den Abendstunden. 14. Tage saugen sie, 14. Tage saufen sie täglich 2 Mahl so viel Milch als sie ohngefähr vorhin gesogen haben, und in den lezten 14. Tagen wird nach und nach so viel Wasser zugegeben, daß nach Verlauf derselben die Kälber klares Wasser saufen.

In diesen 6. Wochen lernen sie auch vollkommen Heu fressen, als welches sie allein nebst reinem Wasser und etwas Salz erhalten.

Ruhe und Wärme gönnen sie dem Viehe lieber als zu fette Fütterung, nur muß es

auch

auch nicht zu warm seyn, als wovon sie den Durchlauf bekommen.

Ich habe diesen Schweizern mehr Futter und Schrot angebothen, sie wollen es aber nicht, mit dem Einwenden: man müsse das Vieh nicht zu satt füttern, daß es auf der Weide, zumahlen im Anfange abnehme; geschehe es, so verlöhre man beynahe 3. Monat lang an der Milch.

Weil das Gastvieh dem melkenden zu geschwinde frißt, so lasse ich die Rinder auf ihr Anrathen alleine hüten, und diese liegen, wenn das Wetter nicht gar zu ungestümm ist, des Nachts, wie die Schaafe in Hörden und düngen Aecker und Wiesen.

Es ist beynahe unglaublich, daß mein Vieh bey dieser Fütterung in gutem Stande seyn kann, aber es ist wahr, und weil es gut bey Leibe ist, so hat es sich schon meistens gehäret, und gibt viele Milch, wenigstens mehr als die Kühe, die täglich Oehlkuchen und Schrot bekommen.

Bey Verfertigung der Schweizerkäse stehe ich um 50. vom hundert besser, aber das ist übel:

1) das Vorurtheil, es sind keine wirklichen Schweizerkäse, und

2) daß ein Käß erst im zweyten Jahr als gut verkaufet werden kann.

Dieses habe ich mir nicht vorgestellt, derowegen habe ich zu meiner grösten Incommodidät ein sehr starkes Capital in solchen grossen Käsen stecken. Ich hoffe indessen, da sie nun alt werden, bessern Debit zu bekommen, zumahlen ich nunmehro auch einen Juden gedungen, der sie kauschern muß.

Bis daher gebe ich das Pfund einzeln zu 4. Ggr., würde sich aber ein Kaufmann finden, so will ich mich gerne behandeln lassen.

Gute Weyde und gutes Heu gibt wohlschmeckende Käse. So gerade zu und ohne Kenntniß der Lokalumstände, kann ich also zur Anlegung einer Schweizerey nicht rathen.

Noch eins muß ich anführen, sie füttern nehmlich alle Strohsorten, ja sogar die Pollen von Rübsamen.

Der Vortheil, den ich von dieser Pflegung habe, ist beträchtlich, denn

1) bleibet mein Vieh gesund,

2) wird

2) wird es schwerer und gröser, wie denn mein ganzer Stapel um 20. vom Hundert besser, und

3) kann ich mit dem ersparten Futter meine Schäferey besser pflegen, ja vermehren.

Ich sage dieses so offenherzig als ich wünsche, daß diese Fütterungsart von Mehreren nachgemacht werde.

B**
Amtmann.

Enn, den 8. März 1773.

Hochgebohrner Graf!
Gnädigster Graf und Herr!

In der Ordnung, in der mir das P. M. seine Sachen nach einander vorlegt, sage ich auch meine Gedanken.

Der Viehstand auf den Gütern des H. B. ist wichtig, 250. Stück erfordern und verdienen Aufsicht. Gewinn, wie Schaden kann groß werden. Bey uns, wo man den reinen jährlichen Gewinn aus jedem Stück auf 5. fl. berechnet, wäre es eine Summe von 1250. fl.

Bey

Bey der Aufnahme der Viehwärter fiel die Wahl auf die Täufer. Wunderbare Sache! Man stößt diese Leute von einem Lande aus, in einem andern nimmt man sie auf. Ich habe diese Leute als Christen, als ehrliche Leute kennen lernen.

Die Verwunderung des Herrn A. über ihre Art, den Viehstand zu besorgen, gibt den Beweis, daß man in der Gegend von E. (von vielen Gegenden im Handvrischen ist es ohnehin wahr) in der Viehpflege weder Einsichten habe, noch darnach verfahre.

70. Stück Kühe und 55. Stück Gäste oder Gältisviehe, und dabey nicht mehr als vier Männer zur Pflege ist viel und allerdings der Aufmerksamkeit werth; ausserordentlich heise ich das Ding nicht — aber recht pflegen und dabey käsen u. d. g. verrichten, ist und bleibt doch viel.

Mich deucht aber, die Pflege dieses Viehes geschehe nicht ganz gut. Herr A. B. macht ein Register ihrer Arbeiten, unter solchen sehe ich aber die beynahe wichtigste nicht, die, weil sie dem Hannoveraner sehr selten ist, nothwendig als was ungewöhnliches hätten auffallen

müssen

müssen und deren Verfahrung gewis angemerkt worden wäre, ich meyne: die tägliche dreymahlige Reinigung mit der Bürste, dem Striegel und dem Staubtuche.

Fehlet diese, wie ich vermuthen muß, so folgen zwei Wahrheiten: einmahl, daß der Menonisten Viehpflege nichts tauget; und dann: daß es nichts auserordentliches ja was leichtes seye, daß ein Mann bey Versäumung dieses Geschäftes 25. Stück Weide Viehe besorget.

Diese Täufer kochen sich ihre Speisen selbsten; das mögen sie thun! ist doch das Kochen kein Monopolium der Weiber; daß sie aber keine Weibspersonen bey ihren Melkereyen dulden, das riecht nach dem Aberglauben nur gar sehr.

Daß die Täufer frische Speisen lieben, kann seyn; ob es aber folge: also ist ihre Beköstigung nicht kostbar, das begreife ich nicht.

Was aber jeßt folgt, fällt allerdings auf: der Meister hat wöchentlich einen schweren Thaler, und von den Knechten jeder wöchentlich sechzehn gute Groschen Lohn. Ein sehr groser Lohn für

Kühe.

Kühemelker; der beste Knecht begnügt sich bey uns mit dreyßig leichten Gulden Jahrlohn, welches kaum die Hälfte des Lohns jener beträgt, die doch weniger, als dieser, der Stall und Feld besorgt, thun werden.

Reinlichkeit in allem beym Viehstand, bey Melkereyen, sonderlich dabey in Absicht auf das Geschirr, ist allezeit gut; doch wird sie tändelnd und übertrieben, so schadet sie mehr als sie nützt. Die Täufer melken Morgends und Abends, und das thun sie würklich auf die Stunde; sie tadlen die, welche alle 16. Stunden melken; zween Gründe, die sie angeben, sind gut, aber nicht alle; ich will mich hierüber erklären.

Wenn die Kuh zu lange nicht gemelket wird, so hat sie von der Milch Schmerzen, zuletzt lauft sie entweder aus, oder verwandelt sich, wenn sie zurücktritt, in Blut, Fleisch und Fett.

Die Natur nimmt Gewohnheiten aus öftern Wiederhohlungen an, wird man einige Zeit in 24. Stunden dreymal melken, so melkt man ein Drittel mehr, als man von zwölf Stunden zu zwölf Stunden in vier

und

und zwanzig Stunden erhielte, und man ist in weniger Gefahr, daß die Kuh vor der Zeit ihre Milch versagt.

Schiene es also dem Täufer, daß es nöthig seye, die Kühe erst nach zwölf Stunden, oder nach 16. Stunden zu melken, so ist daran, daß die Euter ehe nicht voll sind, nichts schuld, als die schlechte Weidfütterung, wer ist also hier in der Schuld? — allerdings der Täufer, welcher die Stallfütterung nicht annimmt, nicht gute Grasarten erziehet, sie nicht in zulänglichem Maase verleget.

Das Füttern (hier spricht Hr. Amtmann B. ohne Zweifel von dem Füttern im Winter) machen sie räthlich und ordentlich.

Wer wird sagen, daß die Tagsfütterung, so geitzig sie auch geschiehet, räthlich, ökonomisch-räthlich mit 30. Pfund und 7. Pfund Stroh geschehe? Hier gewinnt man auf der einen Seite und verliert auf der andern.

Man erspart Arbeit, Heu und Stroh, hat aber hungriges, ausgemagertes, milcharmes Vieh oder rumarme Milch.

Welcher Bauer, welcher Naturkundige wird jemal sagen, daß 3. Pfund Heu bey ganzerdichtem, kraftlosem Stroh von 7. Pfunden, fett, oder rumreiche, viele Milch geben? wäre es anderst, so müste es gehext heisen; und welcher Viehverständige wird behaupten, daß eine Fütterung von 12. Stunden zu 12. Stunden, eine Tränkung von 24. Stunden zu 24. Stunden nützlich und gut seye?

Das übrige Manipuliren hierbey mag übrigens gut seyn: fein ausfegen, wohl und öfters Gänge, Tröge, den Stall reinigen, ist ganz gut, öfters Salzen ist auch gut.

Doch hier auch gefragt: Pharisäer! warum das Vieh nicht selbst reinigen, nicht striegeln, nicht bürsten, nicht abstäuben? — warum tändeln: das Salz mit den Fingern geben, nicht in den Trog werfen?

Das Strohschneiden halten sie nicht vor räthlich; — Vielleicht und allerdings für sie zu mühsam und beschwerlich? dummer könnte man wohl nicht denken, als sie dächten, so sie hier Ernst meynten!

Könnten diese Täufer nicht zwischen zwölf und zwölf Stunden, neben dem Käsemachen auch

auch Stroh schneiden? ich glaube es allerdings den guten Oekonomen! Ich sehe hier in dem Herrn Amtmann B. deren einen, den ich im Voraus schon beklage, weil ich sehe, daß er sich selbsten zu beklagen bald Ursache finden wird, zu viel und zu spat klagen wird.

Er spricht immer nur vom Ersparen. — Stroh, Oelkuchen ersparen und das Vieh verhungern lassen, heisse ich nicht ersparen, sondern unüberlegt geitzen und verlieren.

Wie also erwartet der Täufer vom Stroh fette Milch, und warum hoft er bey Oelkuchen keine Milch, sondern Krankheit? —

Daß dich dann wieder des Tändelns! — Die Oelkuchen zerstückt, gerieben unter den Häckerling gemischt, ist eine bessere Fütterung;

Die Oelkuchen in Wasser weichen, beides so stehen lassen, und dann es verfüttern, oder damit tränken möchte ich selbst nicht; es ist stinkend.

Der Täufer, der sein Vieh nicht schilt, es nicht schlägt, ist zu loben, und viele Bauern sind hierbey zu tadeln. Allerdings kann so das Verkalben erfolgen.

Das ganze Manöver bey den Kälbern in den ersten 6. Wochen ihres Lebens ist nicht zu verwerfen, es ist alles ganz gut, und nutzt in Ansehung des Abgewöhnens und Anstellens derselben nicht wenig;

Allein nur aber weiter! Warum den Kälbern nur gutes Heu, reines Wasser und Salz zu geben? — Warum kein Schrot aus guten, dienlichen Getraidearten, Haber, Wicken uud dergl. unter Sud, Häckerling und dergl. zu gönnen? — Soll was aus einem Stücke werden, so muß es von der ersten Zeit seines Lebens an vorzüglich gut gepflegt, gut getränkt und gut gefüttert werden *), man muß ihm alles gute zuschreiben; und da dient nichts so sehr, als neben dem Grummet den Schrot unter Häckerling gemischet, und so anhaltend doch sparsam, und der weisen Natur des Kalbes anpassend verfüttert.

Ruhe

*) Eine sehr wichtige von der Erfahrung bestätigte Lehre! Sie beherzige der Landwirth bey der Viehzucht, und verkaufe nicht dürres von Jugend auf verbüttetes Vieh, sondern erziehe sich solches selbsten, wenn anders das Vorurtheil, die Brache, ihm nicht mehr anklebet, er also Futters genug und das beste Vieh hat.

Ruhe und Wärme im Stall, ist allerdings ein unentbehrlicher Theil einer guten Pflege des Kalbes, daß aber von einer grosen Wärme im Stall der Durchlauf der Kälber kommen solle, sehe ich nicht ein, der Arzt vielleicht auch nicht *). Warum lese ich da wieder nichts von Abbürsten und Abstäuben der Kälber? — Ist etwas nöthig, sie vor Unruhe und Ungeziefer zu verwahren, so ist es dieses.

Es ist so, man muß das Vieh nicht überfüttern, man gibt ihm nicht zu wenig — weil von daher eben auch keine Nutzung vom Vieh erfolget.

Es ist wahr, das im Stall gut gehaltene Vieh fällt im Frühjahr auf der Weide zusammen; so aber auch leidet das schlecht gehaltene Vieh noch mehr; Fingerzeig also! — daß

*) Grose Wärme im Stall ist in jeder Rücksicht dem Viehe schädlich, und erzielet allerdings leichtlich unter mehreren Uebeln auch den Durchlauf. Wärme der Luft; vorzüglich wenn solche von der Ausdünstung allein entstanden ist, giebt viel Brennbares zu erkennen, und was ist schädlicher als eine dergleichen verdorbene, für die Lunge ganz untaugliche Luft?

die Weide nichts taugt. — Sie melken auch im Sommer sechs Uhr Morgends und Abends, lassen also das Vieh nicht eher aus und nicht länger drausen; zweymal in 24. Stunden nur zu melken, wie schon gesagt, ist zu wenig, dreymal soll dies geschehen: Früh, Mittag und Abends. Der Ruhe wegen darf man von der Weide nicht eilen; ist das Vieh müde, so legt es sich drausen auch nieder; zu viel frißt es wohl auch nicht, und ist es satt, so stehet es vom Fressen ohnehin ab.

Daß die Milchkuh Salz, und das öfters bekommt, ist zu loben; beym Melken allezeit so viel, als 3. bis 4. Finger halten, ist getändelt.

Beym Anfange des pro memoria spricht man von 3. Täufern und 1. Hirten; hier kommt schon noch ein Hirte dazu, und das thut viel.

Sonderbarer Einfall: das Vieh von einander abzusondern, weil das Gästevieh schneller frißt als das Kuhvieh! so was ist warlich keines Hirten werth.

Daß das Gästevieh Sommersüber, wie das Schaafvieh im Pferche Nachts durch

auf

auf dem Felde liegen muß, ist gar sehr verwerflich, ist Ueberbleibsel alter Barbarey.

Nun dann endlich von der Nutzung des Kuhstandes durch Verfertigung der Butter und der Käse. Hr. Amtmann B. glaubt, daß er durch die Täufer hiebey 50. Procent gewonnen habe. Dazu muß man einem Glück wünschen; ich glaube ihm gerne, wenn ich nur vorher auch den Absatz seiner Käse gesehen hätte. Käse sind sehr leichte zu machen; allein sie eben so leichte mit Gewinn absetzen, ist wohl was anders und schwereres.

Bey einer Kuhfabrike kann man allerley haben, verfertigen, und an Mann bringen: Milchsussen, gesalzenen, ausgelassenen Butter oder Schmalz, Käse allerley Arten, ja sogar Milchzucker und vielleicht noch mehr.

Diese Waaren alle haben Absatz durch ihren Gebrauch; allein sie werden überall gefunden; man hat Ursache wohl aufzusehen, daß man hier nicht zu kurz komme.

So ists, sagt Herr Amtmann B., das habe ich aber nicht bedacht, mir nicht vorgestellt! — Hier folgt die Reue schon nach, und ja nur zu bald, ich sorge, sie möchte sich mehren.

Herr Amtmann B. sagt: Ich hoffe! — Man kann aber das auch ohne Grund. Wie wenn die Käse, wenn sie jetzt zu jung sind, alsdann zu alt sind?

Der Täufer füttert alle Strohsorten. Ist gar nichts besonders! —

Man erspahre viel Futter, und bey wenig Heu und Stroh wäre das seine fett und gros, schon um 23. Procent schöner als vorher. — Muß man da nicht Wunderdinge denken, wenn man es denken soll. — Ich bin um Hrn. Amtmann B., durch Gründe geleitet, besorgt, er mag sich wohl fürsehen! wenn er es nur nicht im grosen angefangen hat, um es im kleinen zu endigen! —

Johann Friederich Mayer.

Kupferzell
den 20. April 1783.

III.

Briefwechsel
mit
Sr. Hochfreyherrlichen Excellenz,
Herrn Baron von Reden,
Königl. Grosbrittanischen Berghauptmann auf dem Harz und geheimen Cammerrath rc.

Clausthal den 11. Nov. 1777.

Hochehrwürdiger, Hochgelahrter Herr,
Hochgeehrter Herr Pastor!

Seit vielen Jahren habe ich die Viehzucht für die Grundfeste des Haushalts angesehen. Ich habe dahero gesucht, den Viehstapel zu vermehren, und ihn aufs vortheilhafteste zu benutzen.

Ohnerachtet ich nur wenige Wochen im Jahr auf meinen Gütern habe gegenwärtig seyn können; so sind doch meine Bemühungen nicht ohne guten Fortgang geblieben. Auch nach der gewöhnlichen Einrichtung hat mein stärkstes Guth: Hastenbeck, eher einen Mangel als Ueberfluß an Wiesen, und diese waren sehr naß und sauer. Wie ich bey der Uebernahm desselben wohl absahe, daß das Abtrocknungs-Geschäfte nicht bald zu Ende zu bringen seyn würde, so mußte ich mein Hauptaugenmerk auf den Bau der Futterkräuter richten. Der Bau der Esparcette wollte mir gar nicht, und der der Luzerne nur wenig glücken. Der grosse spanische Klee hingegen gerieth so ausnehmend, daß ich für denselben bald eingenommen war, und ihn nach und nach weiter ausbreitete, so, daß ich seit dem Jahr 1768. bis jetzt 20. 24. Fuhr Ochsen, 12. bis 14. Pferde und Füllen, 60. Stück milchende Kühe und 50. bis 60. Stück jung Rindvieh, bis auf wenige Stunden, so das Vieh des Morgends auf die Weide getrieben ist, auf dem Stall habe mit Klee füttern können lassen; auch Schweine und das Mastvieh der Brantweinbrennerey haben noch zu Zeiten Klee bekommen, und seit 2. Jahren sind 12. 15. Fuder Kleeheu gemacht und mit 4. Pferden eingeschafft worden.

Der Einfluß, so dieses auf meinen Viehstand nicht nur, sondern auch auf meinen Ackerbau gehabt hat, ist offenbar am Tage; in indem ich von dem mit Klee nicht bestellten Lande so viel mehr Getraide geerndet habe, als vorhin von allem Lande, daß ich zu meinen vorhin vorhandenen Scheunen noch eine ganz neue habe anbauen müssen, und dieses Jahr dennoch nicht alles habe können unter Dach legen lassen.

Der Klee sowohl, als die Verbesserung des Ackers ist gleichwohl dahin noch keinesweges gebracht, wohin dieses mit der Zeit kommen muß. Bey meiner Abwesenheit geht alles langsam, und überhaupt läßt sich dergleichen nicht so sehr beeilen, wenn es mit Bestand seyn soll. Die grose Hinderniß ist die Mithut, so die Bauern auf meinem Lande haben.

Noch werther würde mir der Kleebau seyn, wenn nicht das Aufblasen des Viehes, mir von Zeit zu Zeit durch die Nachlässigkeit meiner Leute Schaden gethan hätte; und noch in diesem Nachsommer habe ich an einem Morgen 12. Stück meiner besten Kühe auf diese Art verlohren. Die Heilungsart durch den Stich war mir zwar nicht unbekannt, und ich hatte auch den Verwalter davon unterrichtet. Es hat aber selbige nicht gelingen wollen.

Vielleicht ist der Versuch in der Verwirrung nicht recht gemacht worden, oder vielleicht zu spat geschehen.

Ich muß daher noch jetzt das nachholen, was ich schon längst habe thun wollen, nehmlich Euer ꝛc. um einige genauere Umstände hierdurch ergebenst fragen.

Wäre ich bey dem widrigen Vorfall, da sich 80. Stücke so sehr verfrassen, zugegen gewesen, so wollte ich wohl schon weit mehr Licht in dieser der Landwirthschaft angelegenen Sache erhalten haben. Das Uebel ist dadurch entstanden, daß der Hirte während der Zeit, da der Stall gemistet worden, das Vieh, welches er wie gewöhnlich 2. 3. Stunden auf die gemeine Weide treiben sollte, wider Verbot auf einer Breite von jungem, einer Spanne langem Klee gehütet hat, um demselben, seiner Meynung nach, recht gütlich zu thun. Es hatte an selbigem Morgen scharf gethauet. Man trieb das Vieh sogleich auf einen ebenen Platz und auf demselben ohnabläßig herum. Durch dieses Mittel ist das Vieh bis auf die 12. Stück, die geschlachtet werden mußten, gerettet worden. Alles was nicht fällt, pflegt

in

in 3. 4. Stunden wieder hergestellt zu werden. Was dagegen fällt, muß so fort geschlachtet werden.

Wer einmahl die Einrichtung, sein Vieh mit Klee auf dem Stall füttern zu lassen, gemacht hat, kann es nicht möglich machen, den Klee nur im Trocknen mähen zu lassen. Das Vieh will alle Tage fressen, es sey gut oder regnichtes Wetter, und so muß auch der Klee bey aller Witterung gemähet und eingefahren werden. Dem allem ohngeachtet kann das Aufblähen vermieden werden, wenn gehörige Sorgfalt angewendet wird. Ist es trocken Wetter, so kann der des Abends angefahrne Klee wohl bis den folgenden Morgen im Stall liegen bleiben, wenn er nicht über einen Schuh hoch liegt. Regnet es aber, so darf er nicht über 3. bis 4. Stunden im Stall liegen. Wird dieses beobachtet, und das Vieh erhält ohnablässig sein gehöriges Futter, niemahlen zu viel oder zu wenig; so wird es sich nicht aufblähen.

Das Hüten auf dem Klee bleibt allemahl gefährlich, es seye dann, daß das Vieh 1) nicht sehr hungrig darauf getrieben werde; 2) daß es

trockne

trockne Witterung seye; 3) daß das Vieh nicht stillstehend, sondern im Gang geweidet werde, und 4) daß dieses nicht über eine halbe Stunde zur Zeit geschehe. Die Farrochsen, welche den Klee holen, sind, wenn sie nicht steten Vollauf erhalten, in immerwährender Gefahr, weil sie ohne gehörig zu käuen verschlingen was sie nur erreichen können.

Bis daher habe ich auf Hastenbeck den Klee unter die Gerste säen, und die Gerste, wenn sie zur Reife gelanget ist, mähen und erndten lassen; der Klee ist sodann nur das folgende Jahr genußt, und im August wieder untergepflügt worden, um das Land mit Winterkorn besäen zu können. Weil ich durch die Mithute gebunden bin, so kann ich den Kleebau hier nicht so treiben, als es sonst wohl rathsam wäre. Vor wenigen Jahren aber habe ich ein kleines Gut gekauft, welches etwas über 200. Morgen zu 120. Quadratruthen à 256. Quadratschuhen Ackerland, 56. Morgen sehr gute Wiesen, 70. Morgen Schaafweide an Bergen, und 120. Morgen Holzung enthält. Dieses liegt zusammen in einem länglichten Viereck, ohne daß irgend ein anderer

Berech-

Berechtigung darauf hätte. Ich gedenke daselbst die Cultur folgendermassen zu machen. Das Land ist in 3. Felder getheilt, und ich theile jedes derselben noch einmahl, also habe ich 6. Felder, jedes ohngefähr von 34. Morgen. Die Bestellung würde sodann seyn:

Erstes Feld Gerste mit Klee, zweytes Feld Klee, der den Herbst zuvor gedungt, und im Frühjahr gegypst worden, drittes Feld Klee, das zweyte Jahr ohngedungt, und dieser müste gegen Michaelis umgebrochen werden, um in das vierte Feld Weizen oder Roggen zu säen; das fünfte Feld Cartoffeln, weisser Kohl, Turnips; das sechste Feld Bohnen, Wicken, Erbsen, Flachs rc. Oder auch das 1ste Feld Gerste; das 2te Klee; das 3te Klee; das 4te Cartoffeln rc.; das 5te Bohnen, Wicken; das 6te Weizen oder Roggen. Ob es vortheilhafter sey, Winterkorn nach dem Klee zu bestellen, oder aber Cartoffeln rc. kann ich noch nicht bestimmen *).

Verzei-

*) Cartoffeln, überhaupt Gewächse, welche des Sommers über bearbeitet werden müssen, sind auf Klee in jeder Rücksicht passender und nützli-

Verzeihen Sie, daß ich in diesem Stück ein wenig von Ihrer Meynung abgehe, und die meinige so frey bekenne. Dieses ist meine Gewohnheit, und zu der Verschiedenheit der Meynung bewegt mich 1) daß ich auf diese Art mehr Klee erhalte, als wenn man in 4. Feldern bestellt; 2) daß der Klee des 2ten Feldes bis in den spätesten Herbst kann gemähet werden, um mit der Viehfütterung zu selbiger Zeit nicht in Verlegenheit zu seyn; 3) daß man an dem Kleesamen und überhaupt an der Bestellung etwas ersparet, und 4) daß das Land, nachdem es den Klee getragen, viermahl mit andern Früchten besäet wird, bevor wieder Klee darauf wächst.

Die Länderey ist ein grauer oder auch gelblicher Leimboden, der, weil es ihm sehr am Dünger fehlet, zwar gute Bohnen und Wicken, guten Klee und gute Cartoffeln und Steckrüben, aber gar mittelmäßige Gerste getragen hat. Er ist 2. 3. Schuh von gleicher Beschaffenheit, darunter aber ist ein alkalischer Thon, der kein Wasser durchläßt.

In

nützlicher als Getraide; denn das letztere findet allzuviele Hindernisse, und wird dadurch an dem Umstocken gehindert.

In einem Thal zwischen den Feldern stehet eine Art Erdreich, die wie Mehl ist, und welche mit sauren Geistern z. B. Scheidewasser gar sehr brauset; ich lasse verschiedene Versuche machen, ob diese Erde die Wirkung des Märgels hat, und auf welche Art man sich deren am nutzbarsten bedienen kann. Vielleicht kann sie statt des Gypses über die verschiedene Gewächse gestreuet werden. Mit dem Ueberstreuen des Gypses über Klee und Bohnen habe ich verschiedene Versuche gemacht. Einige meiner Leute rühmen, starken Nutzen davon verspüret zu haben, andre aber sagen: man siehet keinen Unterschied. Sollten diese wohl nicht im Gebrauch gefehlet haben? Noch zur Zeit ist der Gyps allezeit gebrannt und zerkleint übergestreut worden, wenn z. E. die Wicken oder Bohnen händelang gewesen sind *).

Ob

*) Drey wesentliche Fehler wurden hier begangen; der erste ist dieser: man erwählte gebrannten Gyps, der schwer auflösbarer als der ungebrannte ist; der zweyte: man streuete ihn allzuspäte auf, und der dritte: man machte ihn nicht, wie dies das Wort: zerkleint, zu erkennen gibt, zu einem gehörig zarten Staub. Der Effekt konnte sich also erst in den folgenden Jahren zeigen.

Ob aber der Gyps bey nasser oder bey trockner Witterung überzustreuen seye, darüber sind die Meynungen getheilt. Einige rathen ersteres, einige lezteres an *). Ich bitte um Unterricht, wie es hierunter müsse gehalten werden. Hier am Harze haben wir viele trockne Bergwiesen, sollte da der Gyps wohl von gutem Nutzen seyn? Meine hiesigen Wiesen werden ein Jahr um das andere mit Mist gedungt, ist der Gyps denn besser auf den gedungten oder ungedungten Wiesen?

Ich habe die Ehre gehabt, zu erwähnen, daß in Estbeck 70. Morgen am Berg gelegene Schaafweide ist. Sollte es wohl nützlich seyn, selbige umzubrechen, und die Schäferey eingehen zu lassen? Diese hat mir 3. bis 400. Rthlr. hiesiges schwer Geld alljährlich eingebracht.

*) Der Gyps wird am vortheilhaftesten dann aufgestreuet, wenn das Erdreich trocken ist, und man den noch zarten Gewächsen keinen Schaden zufüget. Fällt dann in der Folge ein Regen, so wird er gleich dem, der kurz oder während demselben aufgestreuet worden ist, aufgelöset, und die Wirkung erfolget, von dem Regen angerechnet, wo nicht stärker doch früher als von letzterem.

bracht. Der Dünger würde auf die ziemlich hoch am Berge liegende Weide beschwerlich zu bringen seyn, und der Hurdeschlag hat bis daher der übrigen Mist bedürfenden Ländereyen guten Nutzen geschaft, und würden ihn vielleicht sehr vermissen, wenn die Schäferey eingienge.

Wenn aber diese Weide nach und nach mit Esparcette bestellt, und selbige in einem auf die Weide zu bauenden Stall zur Fütterung des Mastviehes verbrauchet würde, um den davon erfolgenden Dünger den Berg hinab mit leichter Mühe auf die Felder zu schaffen, sollte dieser wohl nützlicher seyn?

Euer Hochwürden sind kein groser Beschützer der Schäferey, und ich verstehe den Bau der Esparcette gar nicht gut. Der Boden der Weide, welche sonst mit Birken bewachsen gewesen, ist übrigens sehr gut. Er bestehet grostentheils aus verfaulter Lauberde, die mit Leimen vermischt und dabey ziemlich trocken ist. Euer Hochwürden haben meinen völligen Beyfall, daß das Mästen des Viehes an manchen Orten weit vortheilhafter ist, als das Auferziehen von jungem Viehe. Allein hierzu gehört auch mit, daß man — wie in ihrer

Gegend — solches Vieh, welches zur Mast mit Nutzen angestellet ist, um billigen Preis und in genugsamer Menge haben kann. Wir sind aber nicht in dieser glücklichen Lage, und es bleibet wohl für mich nichts übrig, als selber so viel Vieh groß ziehen zu lassen, wie ich im ganzen Zuschnitt erhalten und mästen kann.

Ohne Zweifel werden sie des Arthur Young Reisen durch England gelesen haben. Die Erfahrungen, so derselbe von der Viehmast, dem Kleebau, dem Bau der Möhren, und insonderheit des amerikanischen und schottischen Krautes, anführt, sind so lehrreich als zu bewundern. Mit vielem Vergnügen habe ich das Werk gelesen. Nach pag. 340. des 10ten Theils hat Herr Burdel auf einem Acker, der ungefähr 160. unsrer Quadratruthen enthält 1400. Centner amerikanisch Kraut erbaut. Ist das nicht zum Erstaunen? Dürfte ich mir wohl baldmöglichst etwas von ihrem vortreflichen Saamen erbitten? Ich gedenke nächsten Sommer ein paar Morgen mit verschiedenen Sorten Krauts mit Fleiß zu bauen. Ich verharre ꝛc.

von Reden.

Mein Herr!

Recht landwirthschaftlich gedacht! Die Viehzucht ist das wahre Mittel der Verbesserung des Ackerbaues. Ich setze dazu: wenn die Stallfütterung eingeführt und aller Weidgang abgeschaft wird! noch mehr, wenn die Frohn- und Herrndienste aufgehoben sind! Also recht wohl gethan! daß Sie am ersten auf die Erweiterung des Viehstands gesehen. Vieles groses, fettes Vieh von zartem Fleisch zu haben; Kühe, die viel Milch geben, ist hier allerdings alles. Ist man so glücklich, daß man einsichtige, getreue Ehehalten hat, so kann sich auch der abwesende Herr aus seinen Gütern Reichthum versprechen. Rühmen Sie also guten Fortgang auch da, da Sie doch so oft und lange abwesend sind; so haben Sie ein Glück, welches Tausende nicht haben.

Schade! daß sich in so vielen Ländern, bey so vielen Gütern das rechte Verhältniß zwischen Aeckern und Wiesen nicht vorfindet. In Hastenbeck ist es nun auch so! So ists aber nicht bey uns. Sähen Sie doch unsre Flure, und besonders unsre Ochsen, deren des

Jahrs ein viele Hundert und Tausend in alle Gegenden schwer und fett ausgehen.

Der Mangel der Wiesen war vor diesem die Klage des Bauern: kaum wußte er bey zu vielen Aeckern sich Wiesen zu schaffen. Nun achtet der Bauer den Abgang der Wiesen nicht mehr, er ersetzet sich alles durch die Ansaat des Klees. Wie weise mein Herr! sehen Sie nicht ein, daß nasse Wiesen dem Stall kein gutes Heu geben? und wie klug ist die Veranstaltung, sie durch tiefe Gräben ins Trockne zu legen? So sind alle hohe Gegenden in noch nicht recht behandelten, obwohl von Natur besten Ländern nur Aecker, und nur die Sümpfe sind Wiesen: so am Rhein, am Mayn, und so noch in vielen andern Ländern. Daher aber kommt schlechtes Vieh, und öftere anhaltende Viehseuchen, sonderlich alsdenn, wenn man die Weidgänge erhält.

Wie klüglich, daß Sie sich, um Ihren Viehstand bald umzuschaffen, des künstlichen Anbaus der Futterkräuter frühe bedienten? Besser war wohl nicht zu verfahren.

Die Esparcette wollte Ihnen, wie der Luzerner Klee, nicht gedeyhen! dessen muß ich mich

mich wundern. Sie haben doch Berge, schweren kiesigten Boden, und da, im trocknen, gedeyhen sie ja sonst ohne allen Anstand vortreflich! Haben Sie beede in leichtes, leimen, Sand oder nasses Feld gebaut; so strafen Sie sich selbst, wenn er Ihnen versagte.

Ja! der rothe Klee, das herrlichste Unkraut, welches so gerne und so frech als Unkraut erwächst, und so nützlich allenthalben fortkommt, daß ich nicht wundre, wenn Sie durch solchen Ihren Viehstand schnell vermehrten; Pferde halten, nur noch etliche Stunden des Tags das Rindvieh auf die Weide hinausliesen! — Pferde! — die sehe ich wohl in kleiner Zahl einem sehr begüterten Mann, einem Cavalier nach; 14. Stücke — und das im Hannöverischen, wo die Güte der Pferde sehr groß ist, sind da nicht zu viel; Einem Bauern aber würde ich diesen Fehler niemahls verzeihen. Der abgehende Rindmist gegen erhaltenen schlechten Roßdung würde ihn zur Strafe verdammen, das müßte er abändern. Pferde auf einem Gute sind nichts! und alles Weide! auch nur etliche Stunden des Tags! vielleicht der nöthigen Motion wegen? —

Schlechtweg bedarf die das Vieh nicht! Der Ochs hat sie bey der Arbeit. Die Kuh, wenn sie zur Tränke des Tags dreymahl hinlauft. Das Rind, so gemästet nnd in 2. 3. Jahren geschlachtet werden soll, kann sie gänzlich entbehren.

Nur etliche Stunden geweidet, frisset das Vieh ungesundes genug ein, laufet sich ab, verursachet, daß der Weidegrund nicht angebauet wird, verschlept da ganz unnütz den Dung, und die Kuh ihre Milch.

Schweine und das Mastvieh erhalten zu Zeiten Klee! Warum denn nicht öfters alle Tage? Das könnte bey ausgebreitetem Kleebau wohl werden. 12. 14. Fuder Kleeheu jährlich einzusammlen, ist auf einem grosen Gute zu wenig. Ein Morgen: 256. Quadratruthen, gibt schon 6. Wagen voll gedörrtes. Auf einem so grosen Gute sollte man 40. 50. Wagen voll allezeit vorfinden. Wo viel Futter ist, da kann viel Vieh seyn, wo dieß ist, da ist viel Dung, und wo der ist, da ist auch viele Nahrung vor den Acker. Heil Ihnen, daß Sie die Landwirthschaft beym rechten Trumm angriffen!

Daß Sie auf wenigen Aeckern mehr Getreide jezt, als vormals auf vielen gewinnen, das gibt Ihnen der vermehrte Dung, selbst auch der Kleebau, dessen modernde Kleewurzeln dungen. Welcher Gewinn! Das Feld auf die Zukunft gut genährt — und die Scheunen voll. Welche gute Aussichten — Aussichten, die ich nicht übersehe! die Verbesserung des Bodens steigt durch die mehrere Rückgabe des Dungs — die Größe der Erndte steigt, bis endlich alles Erdreich, wie ein Garten, alle Jahre nach lezter Möglichkeit auf jedwedem Flecken abgibt.

Möglichkeit! — die wird oft in Unmöglichkeit umgesezt. — Wie? die Mithute der Bauern auf Ihren Feldern!

Im voraus: Sagen Sie mir doch da schon, was sind die Schaafheerden in kultivirten oder zu kultivirenden Ländern? Sind sie nicht Pest? Weit mehr Pest als das Wildpret — dem ich doch wachen und wehren darf — welches mich nicht abhält, meine Felder alle anzubauen, wie ich will! Sind Sie Landsherr in Hastenbeck, wie ich vermuthe, warum halten Sie Ihre Bauern nicht mit Gellerts

Amtssprache an, allen Weidgängen auf ewig zu entsagen?

Langsam gehen die Geschäfte bey Abwesenheit des Gutherrns! — O ja leider! daran ist das Gesinde allerdings schuld! Drum wünschte ich, daß alle Herrn ihre eigne Güter an ihre Unterthanen verkauften *). Güter, die nicht eigen sind, werden niemahlen so wie eigene gebauet.

Die jährliche Einnahme ist verringert! — Die Kaufsumme thut anfänglich wohl, wird verschlaudert, und die beständigen Revenüen sind auf allezeit geschwächt!

Das wäre Schade, nicht Gewinn! ein guter Haushälter lege die Kaufsumme nur als Fideicommiss-Geld an — doch auch dieß ist nicht nöthig. Man lege, wie dieß bereits Mehrere thaten, auf die verkaufte Güter einen jährlichen Canon, etwa einen Gulden auf einen

*) Auch dieß Verkaufen der Güter hat nicht selten seine grosen Hindernisse — seine Beschwerden, welche gröstentheils, wie ich es mit Beyspielen aus stark bewohnten glücklichen Gegenden zeigen kann, zum Schaden der Verkäufer ausfallen: Käufer finden sich immer, aber nicht allezeit Zahler.

nen Morgen Acker, zween Gulden auf einen Morgen Wiesen; der Acker gebe Zehnten von allem den, so darauf wächset; die Wiese aber nicht; Jedes Gut gebe nach der künftigen Verkaufssumme beym Verkauf oder Tod jedes Besitzers Kaufhandlohn und Sterbfall vom Hundert fünf Gulden; die Frohndienste des Landes schlägt man dem Lande zu Geld an; die Bestallungen der Verwalter ziehet man ein, und die ganze Kaufsumme ist frey und gewonnen!

Auf Ihrem Gute gehet es also auch langsam! Ich falle Ihnen hier aber bey. Alles Uebertriebene schadet in der Landwirthschaft allezeit und am ersten. Ich kenne mehr als einen unter meinen ökonomischen Freunden, die in sehr grosen, kecken Versuchen ihre Sache anfiengen, und im harten Unglück endigten. Es läßt sich nicht eilen, eilen ohne genugsame Ueberlegung, und vielen kleinen Proben.

Der Kleebau ist Ihnen werth, und noch werther würde er Ihnen seyn, wenn das Aufblasen des Viehes durch den Klee Ihnen keinen Schaden gethan hätte! recht einsichtig dabey gesagt: ohne Zweifel durch die Nachlässigkeit mei-

meiner Leute. Alles auf Erden ist beym Mißbrauch schädlich. Der Klee selbst ist beym Auflaufen der unschuldigste Theil; Ihre Leute allein sind hier in der Schuld.

Bey der Kleefütterung muß man folgendes in acht nehmen:

1) Man mähe den Klee zur grünen Fütterung nicht eher als bis er anfängt zu blühen. Ist man aber dessen eher benöthiget, so nehme man nur

2) dieses in acht, daß man ihn auf dem Strohstuhl, mit untergemischtem Stroh handlang oder noch kürzer schneidet, und ihn so gemischt dem Vieh vorschüttet *).

3) Nie-

*) Wenn man neben dem Klee auch den Anbau anderer Gewächse, die nicht minder einträglich und nützlich als jener sind, belieben würde, so wäre das Aufblähen des Viehes grostentheils zu vermeiden; denn diese würden zugleich mit dem Klee — oder aber allein, ehe dieser blühet, verfüttert, die Stelle des in Ansehung der öhlichten Theile so armen Strohes auf eine sehr nützliche Art vertretten. Das Ruch-Ray, Thimotheus- und Honiggras, die Futter-Trespe, Pimpinella und das Spergelgras sind Gewächse dieser Art.

3) Niemahlen mähe man ihn so leicht bethaut oder erst vom Regen ab, lege ihn auch dem Vieh so unbesorgt niemahls für. Nur abgetrockner von der Sonne oder dem Wind soll er gemähet werden. In einer guten Haushaltung muß immerhin dürre Fütterung im Vorrath gehalten werden, das Vieh damit, wenn der Regsn anhaltend ist, zu versehen.

4) Der Klee auf Haufen, liegt 2. 3, Tage gut, wenn er auf dem Feld bleibet, oder die Haufen in der Scheune, im Stall, nicht zu hoch gemacht, oder alle zwölf Stunden gelüftet werden.

5) Doch bey allem dem, wenn auch der Klee naß hineingebracht wird, schadet er nichts wenn er dem Vieh nach und nach, also sparsam in die Raufe gestecket wird, und das Gegitter der Raufe enge ist.

6) Auf die Kleefelder das Vieh zu weiden, ist schlechterdings nichts; es ist Gefahr und Verlust: das Vieh lauft gemeiniglich auf, das Kleefeld wird sehr vertretten, die Stöcke ausgerissen! Sie haben hievon Probe. So oft

man

man mir vom Weidgange spricht, so oft wandelt mich ein ökonomischer Zorn an!

Unterdessen, wie da, wenn Mangel der Einsicht das Auflaufen verursachet, zu helfen?

Durch den plötzlicheu und heilsamen Stich — je eher je besser — auf der linken Weiche, wo der aufgeblasene Theil am höchsten hervorstehet, — in den Wanst, nicht auf die Nieren, die unter den stumpfen Rippen in der Weiche oben anliegen, — wenn man auf der rechten Seite stehet und über das Vieh hinlangt, gegen sich her, — also nicht sogleich abwärts.

Man behauptet, der Wanst springe, wenn die Hülfe zu lange ausbleibe; geschähe dieses, so wäre es denn wohl zu spät. Eile man also, so gut man kann, den Stich zu geben, der recht angebrachte trägt nichts zum Tode bey. Hat der Stich also unter Ihrer Heerde nicht gelungen, so wurde entweder nicht recht getroffen, oder zu spät gestochen.

Ich theile die grosen Stücke des Gedärms in vier Theile ein: 1) in den Panzen oder Wanst, welcher inwendig wie eine geflockte Kappe aussiehet; 2) In den Buch oder Mittelbuch

telbuch, welches voll Falten oder Blätter ist 3) In die Kappe, die inwendig mit lauter Quadraten bezeichnet ist, und 4) in den Magen, welcher sich als ein breiter Darm nächst dem Mittelbuch gegen die Gedärme zu anfüget und inwendig wie die übrigen Gedärme glatt ist.

Wo soll nun also der Stich treffen? — In den Panzen! — so trift er allezeit, wenn er in der linken Weiche angebracht wird, denn eben da liegt er.

Sie waren bey dem Stich Ihres Viehes in Sorgen, er sey nicht recht angebracht gewesen; dazu hatten sie nicht Grund; das wird und muß allezeit geschehen: Wie konnte es denn anders geschehen?

Was hülfe das in den holen Leib einstechen? da ist der Sitz des Uebels nicht. Das Aufblasen kommt von den Winden her, und diese sind in den Wanst verschlossen, denen den Ausgaug zu geben, muß eine Oefnung selbst nothwendig gemacht werden. Die Gewalt, mit der sie ausbrecheu, stößt ganz natürlich durch die Oefnung etwas Mist heraus; das thut nun aber nichts. Der Wanst ist von der

Vorsicht so gebaut, daß eine solche Oefnung, sobald man das Messer herauszieht, wieder zufällt. Würde man also den Stich thun und das Messer sogleich wieder herausziehen, so würde es nichts nützen, man muß also das Messer einige Zeit darein lassen und auf und ab bewegen. Vor die Heilung des Wanstes ist gar nicht zu sorgen. Die Wunde fällt zu, das flockichte Wesen legt sich da gleich an, der Saft, der ausgehet, wo keine äusere Luft zu kann, heilet da selbsten. Ich weiß es, man hat auser diesem noch andre Mittel wider das Auflaufen. Das beste und sicherste setze ich Ihnen hier an.

Nimm Kuhwarme Milch, 4. 5. Pfund zu einem grosen Stück Vieh, in solche rühre einen, zwey, auch drey Löffel voll Schnupftaback, Weizen oder auch andern, schütte solches dem Vieh ein, und treibe es herum; ehe hundert gezählt wird, gehet der gestockte Mist mit den Winden hinweg.

Die Weise, Ihren Kleesamen unter die Gerste zu säen, ist gut; allein da man ihn in solchem Jahr nicht weiter nutzen kann, so ist sie doch nicht die beste. Die Weise, ihn im ersten auf den Wintergetreidesamen zu säen, deucht mir viel besser zu seyn; der Klee, sonderlich wenn er jezt mit Gyps bestreuet wird, wächst bis noch auf den Herbst zur Blüthe hoch auf, und gibt Fütterung in Menge.

Am besten gefiel mir mein Versuch von lezterem Sommer. Ich ließ meinen Acker in den ersten Tagen des Frühlings mit Haser besäen, ihn untereggen, den Kleesamen darauf sprengen und mit Dornstauden unter die Erde bringen; als der Haser einer Elle hoch gewachsen war, ließ ich ihn abmähen und füttern; so that ich noch einmahl, und das dritte Mahl, da er wieder wuchs, kam auch der Klee mit ihm bis zur Blüthe, der Haser zeitigte, ich ließ beedes abmähen, dörren und heimbringen, so hatte ich das beste Futter.

Ich sagte es ja schon, daß das Recht der Huten verderbliche Sache überall seye. Es ist sehr widersinnig, daß man um eines andern willen, seine eigne Felder, von denen man den Herrschaften Schoß und Steuer zahlen muß, nicht nutzen kann, wie man will.

Ein Gut, so recht genutzt werden soll, muß so seyn, wie das Ihrige da: frey von allen

len Einsprüchen Anderer. Alles Feld muß alle Jahre genutzt werden. Die Abtheilung in drey Theile ist alter Schlendrian. Können meine Gärten alle Jahre mit Nutzen gebauet werden, warum nicht meine Aecker? — Das thut dort der jährlich aufgeführte Dung! — ey so thue er es auch hier. Aber wo den zu nehmen? — Von dem Vieh — von mehrerem Vieh bey vermehrtem Futterbau! — bald beantwortet! — und auch leicht gethan! — Wie? Wenn Sie thun, wie Sie thun, die Felder alle in vier oder sechs Theile eintheilen, und alle Jahre anbauen. Eines das erste Jahr, geben die Theile, die auch nicht gedungt werden können, doch ihre Früchte mit Gewinn ab, zumahl da, so sie mit Asche, mit Salzbötzig, Dornschlag, Gyps, Dux oder Kalk bestreuet oder mit Gülle übergossen werden. Vortreflich! allemahl Cartoffel auf den Klee! denn in den 2. Jahren, da der Klee aufstehet, wachsen auch allerhand Grasarten neben bey. Das thut sonderlich der Rehwasen, die Quecke. Würde man das Kleefeld sogleich wieder zum Getraidebau verwenden; so würde das Unkraut so sehr überhand nehmen, daß man endlich gar nicht mehr fort käme.

Auf

Auf Feldern, wo die Quecke nicht ist, ist es sehr nützlich, gleich auf den Klee, Dünkel oder Spelzen zu säen und unterzueggen.

Der rothe dreyblättrichte Klee ist gedörrt sehr gut; aber Hafer, Gerstenmäsiges Futter ist gedörrte Esparcette vor jedes Vieh, daß eine mehlichte Erde kein Märgel, und daß die nicht statt des schweren Märgels zu brauchen sey, sage ich Ihnen im voraus schon *); brauset sie aber mit Scheidewasser sehr auf, so hat sie vieles alkalisches dungreiches in sich, und mag eher als Dung zu den Gewächsen und auf Wiesen gestreuet genutzt werden.

Ihr ersterkauftes Gut, scheint mir das Gut eines schlechten Haushälters gewesen zu seyn, und Sie haben vermuthlich wohlfeil gekauft. Sehr gut nach Vergnügen und Vortheil gewählt. Ein verfallnes Gut gewährt diese beede.

Der

*) Daß diese Erde auf Felder, welche nicht über 30. Procente auflösbarer Theile haben, eben so gut als der beste Märgel zu gebrauchen gewesen seyn würde, dieß wird aus dem bishero Vorgetragenen zu ersehen seyn.

Der Feldboden ist grauer gelblichter Leimen. Ein solcher bedarf Dung. Ich nenne diese Erde einen Mistfresser; der Mist ist in ihr plötzlich verzehrt; der Ertrag aber, wenn sie wohl mit Dung unterhalten wird, ist auch erklecklich. Der Spelz auf solcher erwachsen, übertrift einen andern, auf leichtem Felde erzogen, bey weitem *). Das Gras ist schwerer; die Rüben und Cartoffeln wachsen darauf milde und süsse, und das Obst übertrift an Süssigkeit alles andre.

Das aber hat dieß Feld gemeiniglich, daß es nicht hohen Grund hat, und bald unter sich den festen Thon oder Letten. Daher kommts, daß wenn es viel regnet, die Erde sehr naß und

*) Graues gelblichtes Leimenfeld besitzet, vorzüglich wenn es gedunget worden ist, alle Bestandtheile des Spelzes, insonderheit Alaunerde, woran die leichten Felder sehr häufig Mangel leiden, in einer beträchtlichen Menge: Nichts übertrift dahero ein dergleichen Feld, wenn solches von guter Art ist (denn auch unter diesem finden sich welche, die an Alaun- oder Kalkerde darben), an dauerhafter auszeichnender Güte.

und schmierscht wird, und die Cartoffeln ungerne fortkommen *).

Haben Sie auf dem Härz Dung und Gyps zugleich; so dungen Sie Ihre Wiesen ein Jahr mit Mist, das andre Jahr streuen Sie Gyps u. s. w. Ihnen wirds so gewiß nie fehlen!

Die Schaafe sind ein sehr nothwendiges Stück, aber nur am rechten Ort; wie alle andre Dinge. Nur fort mit ihnen aus Gärten, Aeckern und Wiesen. Fort mit ihnen zu Bergen, Einöden und Heiden. Ihr Berg von 70. Morgen Weide ist beynahe auch eine solche Einöde, wohin ich sie verbanne; ich kann nur nicht verstehen, wie sich so viele Schaafe, auf diesen 70. Morgen bey 400. Rthl. Ertrag Sommers durch füttern. Entweder ist der Grund der allerbeste, oder Ihre Schaafheerden müssen ausser diesen noch ein weites Feld einnehmen.

*) Dieses Versagen der Cartoffeln rühret von dem Mangel an auflösbaren Erdarten her, welche, und zwar unter diesen die Kalkerde, einen vorzüglichen Bestandtheil dieser Gewächse, ausmachen.

Ich kann nicht glauben, daß man 200. Schaafe Sommers und Winters auf 70. Morgen guten Feldern nähret. Ich will aber doch 400. annehmen, den jährlichen reinen Gewinn von einem Schaafe sezt man bey uns auf einen leichten Gulden. 70. Morgen Feld als Wiese oder Acker genutzt, müßte wohl noch so viel und viel mehr als diese 400. Stück Schaafe abwerfen.

Wird auser den 70. Morgen noch gebautes Feld mit diesen Schaafen betrieben; so schaden sie da allemahl mehr als sie mit ihrem ganzen Pferch nutzen. Den Pferch, der den Aeckern abgienge, würde der Dung aus mehrerer Rind-Viehhaltung durch den freyeren Anbau des Klees ersetzen.

Alles dieses gerechnet: ein Zehnd ein Landsherr muß dieses rechnen — was werden so Schäfereyen nutzen?

Dieser Berg mit Rindvieh besetzt, kann jährlich 140. Stücke Vieh ernähren, und an reinem Gewinn 700: fl., den Gewinn von jedem Stück auf 5. fl. angesetzet, abwerfen. Diese ersetzten die 3. bis 400. Thlr. vollkommen.

Und

Und endlich ist 5. fl. Gewinn von jedem Stücke Rindvieh kaum die Hälfte von dem, so jährlich von ihm abfällt.

Und überdieß noch! Hat die Schäferey den Weidgang auf den Feldern der Unterthanen, so werden diese ein Ansehnliches zahlen, sich der Last und Uebertriebs befreyt zu sehen.

Zu was hätte man sich also zu entschliessen? Ich sage meine Meynung hier kurz: Ernährten sich die Schaafe von den 70. Morgen Berg ganz allein, so behielte ich die Schäferey bey; müßte aber mit ihnen noch mehr kultivirtes Land beweidet werden, so höbe ich sie auf.

Allerdings müßte man hiebey mit möglichster Sicherheit verfahren. Diese Sache ist wichtig. Jetzt ist der Gewinn aus den Schaafen nicht klein, und gewiß, er könnte, wenn der Berg den guten Wuchs, und die beständige Andauer versagte, gar wohl versagen. Also vorher einen kleinen Versuch — hinlänglich anhaltende Proben! und —

Da die Gebäude, die zu dem Viehstand erfordert würden, nothwendig, um den Mist leichter auf dem Berg zu benutzen, wenigstens

 in

in die Mitte des Berges zu erbauen wären; so wäre vor allem zu wissen nöthig: ob man auch das dazu benöthigte Wasser zu erhalten vermögte?

Ich wollte hier gerne noch mehreres zusetzen, allein, Sie sehen es ja selbsten, es werden gar viele Umsichten erfordert, und wer, der nicht da stehet, kann diese haben?

Nun noch Ihre Klage, die Sie über die schlechte Viehzucht erheben, zu berichtigen! Ich weiß es schon lange, daß sie gerecht ist; Schulenburg, und mein Sohn, der bey ihm war, hat sie mir geklagt.

Glauben Sie mir, die vielen Viehseuchen, haben keinen andern Grund, als den einzigen: den Weidgang! Von diesen Weidungen entspringt auch der schlechte Viehstand selbsten. Hier schon wird dem Kalb der Hals abgejagt, und ihm der Anstoß aller Gebrechen geschaffen. Dazu kommt der sklavische Frohndienst der Leute, und dabey die üble Behandlung ihres Viehes bey demselben. Dabey überdieß schlechte Fütterung, und nicht in der Ordnung. Die Kälber im Stall unangebunden,

ihnen

ihnen nicht nachgesehen: das eine sauft, das andre nicht: das eine frißt, das andre hungert; da ist kein Striegel, keine Bürste rc. Koth, Staub, Läuse, Grind! Was will denn da werden?

Könnte ich Sie in die Ställe unsrer Bauern hinführen, welchen Unterschied würden Sie wahrnehmen? Hier aber breche ich ab, und bin

Mein Herr

Ihr

gehorsamster Diener,
Joh. Fried. Mayer.

Kupferzell den 8. Dec. 1777.

IV.

Briefwechsel
mit
Sr. Hochwohlgebohrnen Gnaden
Herrn Samuel Zolnay von Zolna
zu Modern in Ungarn.

Wohlehrwürdiger,

Sonders Hochgelahrter Herr!

Ich habe Dero pragmatische Geschichte des Amtes Kupferzell gelesen, weil ich aber selbige keineswegs hier mit Nutzen anwenden kann, ohne das eigentliche Maas, womit die Frucht bemeldeten Amtes gemessen wird, mit unserigem vergleichen zu können; so bitte ergebenst mich zu berichten, was eigentlich ein Simri, oder auch ein Malter in Betracht eines Oesterreicher Metzen sey; hernach aber, wie viel nach dem Oesterreicher Metzen auf einen Morgen Acker von 256. Ruthen angebauet werden könne, und wie viel ein solcher Morgen Quadratklafter in sich halte.

Mir

Mir ist bishero noch immer unbegreiflich, wie im Amt Kupferzell auf einen Morgen 7. Simri Roggen, Gersten und Wicken, und zugleich 14. Simri Dinkel oder Spelzen, oder Hafer gebauet werden. — Was die Cartoffeln, was die Turnips, was die kleine Saubohne sey, weiß ich auch nicht, und daher erbitte ich mir hievon Unterricht. Daß Ihre übrigen Schriften hier so theuer und kostbar sind, bedaure ich sehr, sie würden gewiß recht viele Liebhaber finden, die sich dieselben anzuschaffen begierig wären.

Ich verbleibe mit aller Hochachtung

Euer Wohlehrwürden

gehorsamster Diener,
Samuel Zolnay von Zolna.

Von Modern in Ungarn
den 11. Jan. 1778.

Hochwohlgebohrner,

Gnädiger Herr!

Dero Schreiben lief bey mir den 21. Januar ein. Ich sage darauf: daß die Länge des anliegenden Papiers ein Schuh ist. Dieser enthält nun 12. Zolle (Nürnberger). Unser Simri, mit dem der Roggen gemessen wird, ist kleiner, als das, womit wir den Spelzen zu messen pflegen. Stellen sich Dieselbe nun ein rundes Maas, wie unsre Simri sind, vor; wenn ich das Dünkel-Simri und da vom Rande oben auf den Boden hinabmesse, so hat es 7½ Zoll; messe ich mitten durch, so habe ich 1. Schuh und 2. Zoll. Messe ich das Roggen-Simri; so ist die Tiefe 6. Zolle und die Weite 1. Schuh und 2½ Zoll.

Ich glaube, wenn nun Dieselbe somit das Maas unsers Simri haben; so werde es sehr leicht seyn, das Verhältniß beeder gegen einander zu finden. Bey der Aussaat kommt es auf ein oder zwey Pfund Saamen weniger oder mehr niemahlen an, zumahlen auch ein Erdgrund mehr Samen verträgt, als der andere. Das Dinkel- und Hafer-Malter hat 9. Dinkel-Simri, und das Roggen-Erbsen-Gersten-Wicken-Malter hat 8. Roggen-Simri. Hieraus ist Denenselben ganz leicht zu berechnen, wie viel Metzen Aussaat auf einen Morgen erfordert werden.

Wie

Wie soll ich sagen, wie viele Klaftern ein Morgen enthalte, da ich schon gesagt habe, daß die Ruthe 16. Schuh seye: und wie kann ich es sagen, da Dieselbe mir nicht berichten, wie gros und lang Dieselbe das Klafter-Maas annehmen?

Ferner! ist Euer rc. unverstehlich, wie in hiesigem Amt 7. Simri Roggen, Gersten und Wicken, und zugleich 14. Simri Dinkel oder Hafer auf einen Morgen eingesäet werden können; — das begreife ich nun wohl selbst nicht; aber das habe ich auch nirgends wo gesagt. Ich sagte: auf den Morgen säet man 7. Simri Roggen, 14. Simri Dinkel u. s. w. Ich verstehe es so: Man säet entweder darauf 7. Simri Dinkel. Dero Und gehöret also hinweg und wir verstehen uns dann gut.

Cartoffeln! Turnips! — die kleine Saubohne — sollten den Ungarn mangeln — nicht bekannt seyn?

Die Cartoffeln heisen auch Tartuffeln, Erdbirn, Potacken, Grundbirn. Sie sind ein amerikanisches Knollengewächs von gar vielerley

ley Arten. Die besten zum Stall sind die englische- und die erst neulich bekannt gewordene Yarn-Battatos der Schweitzer; aus einem einzigen Saamenknollen wachsen in einem Sommer so viele, daß man aus einer Masse zu 25. Pf. gar leicht und gewöhnlich heraushebet.

Zur Speise auf dem Tisch sind die länglichten, runden, knörrichten und glatten rothen, und so auch die weisen oder gelblichten ganz gut; doch sind keine milder und schmackhafter als die Zucker- oder Suppenerdbirn. Sie blühen Himmelblau, ihr Kraut ist zart, sie selbst wachsen nie so gros als andre; desto mehr aber wachsen aus einer einzigen Mutterknolle heraus, ihre Farbe ist weis oder gelblicht.

Die Turnips! — oder die Burgunderrübe, Dickrübe, Rangerschen, Viehrübe *), ist beynahe die rothe Rübe, die man Blättchen weis als Salat am Tisch verspeiset. Mit Saamen kann ich auf Befehl dienen.

Die

*) Turnips und Burgunder-Rüben müssen nicht miteinander verwechselt werden; erstere heißt: Brassica rapa oblonga, und leztere, welche auch Runkelrübe genennet wird und diejenige ist, welche man für Turnips gebrauchet: Beta Cicla altissima.

Die kleine Saubohne! — auch die Frucht bauet der Landwirth mit Nutzen. Man hat dreyerley Arten. Von der kleinen und Zwergbohne lege ich einen Kern bey.

Daß meine Bücher in Ungarn so theuer sind, beklage ich sehr. Wie will ich aber da rathen? Ich habe einige nach Mongatsch und Siebenbürgen gesandt; ich wollte, daß ich im Stande wäre, sie auch Denenselben recht wohlfell schicken zu können.

Damit will ich nun schliesen: daß ich Ungarn den Ernst wünsche, seine ganze Einrichtung so zu treffen, wie sie bey uns ist; so müßte kein glücklicheres Reich seyn als Ungarn.

Unter allem Respekt beharre ich

Euer Hochwohlgebohrne Gnaden

unterthäniger
J. F. Mayer.

Kupferzell
den 23. Januar
1778.

V.

Briefwechsel
mit
Sr. Hochfreyherrlichen Excellenz

De Girtanner

Herzogl. Zweybrückischen geheimen Rath rc.

Wohlehrwürdiger,

Insonders Hochgeehrter Herr Pfarrer!

Vor etlichen Jahren habe ich ein Landguth in der Grafschaft Thurgau nächst am Bodensee, gekauft. Der Getraideboden ist schwer, nach zween Schuhe tief leimig, lieget was abhangend gegen die Wiesen, zum Spelz und Weizenbau nicht ganz untüchtig. Das Gut ist von alten Zeiten her verpachtet, und dadurch vernachlässiget worden. Nun möchte ich solches durch eigne Knechte anbauend, in bessern Stand zu bringen trachten. Hierzu aber fehlet Dung. Aus Mangel des Futters ist nicht mehr Vieh zu halten als etwa 12. Stück, und der Feldbau erfordert das Doppelte.

Annebst

Annebst habe zu bedeuten, daß eine Wiese von 30. und 40. Morgen da ist, welche ein Jahr ins andre 6. 7. Wagen Heu, und 4. 5. Wagen Grummet gibt. Das Gras ist roh, doch nicht sauer, und wächst nicht über einen Schuh hoch.

Hier nun möchte ich eine Verbesserung vornehmen. Die Lage will Ew. H. beschreiben. Diese Wiese liegt ganz flach, eben, voller Moos, welches schädliche Gewächs, meines Dafürhaltens, von dem nicht ablaufenden Regenwasser herkommt. Vor 4. Jahren habe ich dieshalb Gräben aufwerfen lassen, und ich finde, daß ihrer noch mehrere seyn sollten, weil der Boden noch sumpficht und nicht fest ist, im trocknen Sommer aber durch dieß Wasserableiten noch weniger Gras wächst. Ich bin entschlossen, im Frühjahr dieselbe mit dem Regenwasser, welches von den Ackerfeldern in Gräben dahin geleitet werden könnte, zu wässern, der Hofnung seyend, das Moos dadurch zu vertreiben. Der Boden ist schwärzlicht, nicht sandig; sollte er nicht als ein erfrorner Waasen anzusehen seyn? Diese Wiese liegt allernächst am See, der um Johannis und Jacobi am grösten ist; doch

ist

ist sie noch um 3. 4. Schuhe höher, sollte dessen ohngeachtet das Seewasser schädlich seyn? Solches kann ich nicht glauben, ehe aber, daß die kalten Nordwinde den Graswachsthum zuruckhalten.

Dies Frühjahr habe ich gebrannten Gyps weither kommen und auf die Wiese streuen lassen; es hat aber keinen guten Effekt gehabt, wohl aber in den andern höher liegenden Grasstücken, die mit Mistlachen begossen werden, viel Klee hervorgebracht *). Wenn demnach vermöge Dero Abhandlung, der Gyps in nassen feuchten Böden versaget; so muß ich glauben, daß keine Verbesserung zu hoffen sey.

Was

*) Hätte Herr v. Girtanner statt des blosen Gypses, welcher auf Wiesen, die ganz arm an auflösbaren Erdarten sind, nicht allezeit das leistet, was man erwartet und wünschet, und dieß vorzüglich, wenn die darauf stehenden Gewächse ihn nicht in gar groser Menge zur Nahrung bedürfen, eine Vermischung aus 10. Theilen zerstossenen Märgels oder Kalk, 1. Theil Gyps und 2. Theil Haalbötzig oder Pfannenstein angewendet; so würde der Erfolg in der Tiefe so wie in der Höhe der Absicht entsprechend gewesen seyn.

Was also zu thun? — Wäre es besser, die Wiese umzuackern? oder was denn zu machen *)? Wir

*) Da diese Wiese Mangel an guten Grasarten und Erdreich hatte, so war, sollte die Verbesserung anhaltend seyn, eine Stürzung des Rasens allerdings das räthlichste. War das tieferliegende Erdreich besserer Art als das obere, oder hatte es in der Tiefe Märgel, so mußte im ersten Falle der untre Boden hervorgebracht, und im lezteren der Märgel zu Tage gefördert werden. Fand keines von beiden statt, war weder in der Nähe noch Ferne Märgel oder gutes Erdreich von 20. 30. Procenten vorhanden: so mußten gepochte Kalksteine, oder andre kalkartige bereits benahmte Körper in der Menge herbeigeschaffet werden, daß das Erdreich damit bis auf 10. 12. Procent verbessert werden konnte. Mit dem Anbau richtet man sich in dergleichen Fällen nach der mehr oder mindern Fähigkeit. Am besten ist es, wenn man das gestürzte Feld ein, zwey Jahre mit Gewächsen, durch welche das Erdreich von den schlechten Grasarten gereiniget und in Bau gebracht wird, anbauet, alsdenn unter den gegebenen Lehren mit Futterkräutern besamet, und von Zeit zu Zeit mit Haalbötzig, Gyps, thon- und kalkartigen Körpern, oder aber mit Steinkohlen und Haalbötzig, dunget.

Wir haben eine Stunde von hier in einem Thale einige Grasstücke, wo mitten durch ein Fluß fliesset, der im Jahr öfters austritt. In diesen hat der Gyps reußirt. In Dero Schriften habe ich ersehen, daß man die Fruchtfelder und Wiesen auch mit andern Steinen, wenn es nur keine Sandsteine *) sind, bestreuen könnte, und damit Gutes schaffe. In der Gegend meines Guts wird der Kalk von Waggensteinen gebrannt; der See wirft auch einen Kieß aus, dessen ich genugsam haben könnte. Sollte auch dieser gut zum dungen seyn, so müßte ich wissen, ob solcher nicht reiner gemacht und gestossen werden müßte, wozu ein Stämpfelwerk erfordert würde **).

Kalk

*) Alle Steine, die zur Düngung angewendet werden sollen, müssen zuvor mit Scheidewasser geprüfet werden: denn das Aeuserliche allein trüget auch den Meister, und wie wenige Landwirthe sind Mineralogen!

**) Daß auch hier das Scheidewasser diese Frage leichtlich würde entschieden haben, wird man mir wohl zugestehen. Ein Pochwerk durch Wind oder Wasser getrieben, war übrigens allerdings nöthig, und, waren die Steine allzuhart, auch ein Kalk-Weiler zum Rösten, nicht zum Verkalchen, derselben.

Kalk zu brennen, wäre leicht in Stand zu stellen. Ist solcher Kalk auch zum Dungen nützlich? Ich habe die Ehre zu beharren

Euer Wohlehrwürden

ergebenster Diener
de Girtanner.

Zweybrücken den 26. Dec. 1777.

Hochwohlgebohrner Herr,
Gnädiger Herr!

Euer ꝛc. haben sich in Thurgau ein Landgut gekauft, dazu wünsche ich von ganzem Herzen viel Glück. Ist die Absicht Gewinn oder Vergnügen, so kann es gefunden, vielleicht aber auch gar nie erlangt werden. Wenn ich meine Muthmasung frey, ohne Rückhalt zu sagen hätte; so glaubte ich das leztere gerne vor dem ersteren; weil ich aus Erfahrungen so zu reden befugt bin; doch in einzelnen Fällen auf einzelne Fälle gilt der Schluß nicht.

Zur Sache also nun selbsten! — Die Auswahl des Gutes zum Einkauf ist so wie ich sie wollte. Ein schlecht gebautes Gut hat keinen hohen Preis, und erhöhet denselben, so bald als man ihm den erwarteten Bau gibt.

Die Lage des Guts ist nun freylich nicht die beste. Der Boden selbst aber, der aus schwerer schwarzen Erde bestehet, ist nicht von so schlechter Art, daß auf ihm alle Arbeit versagen könnte und müßte.

Es kann gar wohl seyn, daß das Gut vormals, ehe es den Pächtern überlassen wurde, besser gebauet war. War es nun so, so kann es auch bey besserer Pflege, bald wieder so werden.

Zur Verbesserung mangelt der Dung aus Mangel der Fütterung. Sehr gut getroffen! Gewiß ists, der Dung ist die Seele des Feldbaues. Siehet man dieß ein, so verstehet man zugleich, durch welchen Weeg man zur Verbesserung seines Gutes gelanget. Dung, Vieh, Fütterung; so folgt eins aufs andre. Man kann zu allen diesen Endzwecken die Fütterungen auf zween Wegen erhalten. Einmahl, wenn man sie nur einkaufet, oder nach Möglichkeit auf seinem Gute anbauet, und dann den jetzt benöthigten Dung um baares Geld anschaffet.

Beides

Beides ist kostbar! — Es ist wahr; allein dennoch nicht Schade; alles bezahlt sich mit Gewinn bald wieder.

Vielleicht beliebten Euer Hochwohlgebohren diesen erprobten Vorschlag gar gern; — allein Sie können genugsame Fütterung so wenig, als den Dung selbst durch den Ankauf erhalten!

Wenn beides ist, so ist kein andres Mittel übrig, als das Gut zu verbessern, die Fütterungen selbsten zu erhalten zu suchen, und — wie?

Man müßte die Wiesen auch ohne Dung in den Stand setzen, ihren bisherigen Ertrag zu vergrößern; denn eine Wiese wie die Ihrige, sollte wenigstens 40. Wagen Heu, und 30. Wagen Grummet geben.

Eine Wiese aber wie die Ihrige, kann durch Dungmittel allein nicht ergiebig gemacht werden; diese versagen da alle. Das Moos muß weggeräumt, und das sich stets ergiesende Wasser abgezapft werden. Ein andrer Rath ist wohl nicht möglich. Das Moos wächst bey der Kälte. Wenn man also die Ursache der Kälte wegnimmt, so hebt man auch das Wachsthum des Mooses. Deckte ein Berg diese Wiese vor der Sonne, so ist sie als Wiese verlohren; läge sie hinter einem Wald; so müßte dieser abgehauen werden, den Schatten zu heben.

Vielleicht ist keines von beiden; Sie selbst leiten den Wuchs des Mooses aus zween andern Ursachen her, entweder von der Nässe, oder von den Nordwinden. Hier wirket die Nässe wo nicht allein, doch das meiste. Die Nordwinde blasen ja sonstwo auch.

Die schädlichen Feuchtigkeiten können von dem Regenwasser nicht kommen. Kann es ablaufen: so wird es nicht nur nichts schaden, sondern durch seinen dungreichen Inhalt an Oehl und Salz mehr nutzen und dungen. Hier müssen andre Ursachen vorhanden seyn; allerdings diese:

1) Es sind vielleicht innerhalb der Wiese verborgene Quellen; oder

2) Es senkt sich die Feuchtigkeit von nahen Bergen herab, und kann aus zweyerley Ursachen in eine weitere Tiefe nicht herabsinken.

a) Vielleicht ist eine Lettenflöze vorhanden, durch den sie nicht durch kann; oder

b) das im Bodensee ihr gleich hoch stehende Wasser hindert den Ablauf.

3) Der

3) Der Bodensee kann auch diese beständige Nässe verursachen, da es bekannt ist, daß sich das Wasser in den Klüften und Haarröhrchen der Erde um vieles in die Höhe hebt und dergleichen Nässe hervorbringet.

Wäre nun das erste, so müßten die Quellen abgeleitet werden; wie dieses geschehe, habe ich bereits gemeldet.

Wäre das zweyte; so wäre der etliche Schuhe tief gehende Lettenboden hin und her zu durchgraben; unter ihm findet sich allezeit lockerer kiesichter Boden.

Das dritte findet hier nicht statt, denn Euer Hochwohlgebohrne Excellenz haben schon aus dem Effekt Lehre und Hofnung, wie und durch welcherley Gräben das ganze Stück ins Trockne zu legen seyn möchte. Ich rathe, daß man die Gruben von Weiten zu Weiten gegen den Bodensee zu führet; daß sie wenigstens oben 4. bis 6. Schuhe breit, hinab in die Tiefe aber enger und 4. bis 5. Schuhe tief geführet werden. Etliche Schuhe am Ende der Wiese, am Bodensee wäre ein solcher Quergraben, so breit die Wiese ist, gut; dieser würde das vom Bodensee kommende Wasser fassen und abhalten.

Daß die Ableitung aller Feuchtigkeiten wohl angehe, dieß gibt mir Ihre Nachricht, daß die Wiese, wenn das Wasser auch am höchsten stehe, noch 3. 4. Schuhe über der Oberfläche des Wassers liege, zu erkennen.

Nun denn was jetzt? Die Wiese ist nun trocknes Erdreich. Jetzt saget die Erfahrung, daß die ausgetrockneten Platten bey trocknem Wetter im Graswuchs noch mehr zurückstünden als vorhero, zuvor nicht.

Ein Boden — ein schwärzlichter Boden zumal enthält viel salzichte, vitriolichte Theile und hat Mangel an öhlichten *). Was wird ihn also verbessern? Nichts sonst als das, was ihm noch abgehet: Regen und Oehltheilchen **).

Da

*) Sagten doch immer bishero die Oekonomen einstimmig, daß die schwarze Farbe des Mists und das Erdreich viel öhlichtes anzeige: Warum auf einmahl hier das Gegentheil: das Gegentheil von der erprobten Erfahrung: daß die schwarze Farbe dieser Körper von dem zerlegten Oehl der Gewächse und deren Fasern — also von Brennbarem, nicht von Säuren herrühre?

**) Ersteres: der Regen fehlte der Wiese nie, und letzteres: das Oehl, woher sollte sie dieses

Da thut der mit Vitriol *) gesättigte Gyps nichts, er verschlimmert nur mehr.

Wohl werden Sie thun, wenn Sie auf dem Vorsatz beharren: das Regenwasser aus den hochliegenden Aeckern, durch Gräben auf solche vertheilen zu lassen. Dieß ist nun gut; gleichwohl nicht alles. Der öhlreiche Dung ist vor allem die nothwendigste Sache. Er muß das korrosive des Bodens korrigiren. Allein dieser mangelt **).

ses erhalten, da der Mist keines oder doch nur sehr wenig besitzet, und das Regenwasser hieran darbet?

*) Mit Vitriolsäure wollte der H. V. sagen.

**) Das korrosivische verbessern, heißt hier: die Säure wegschaffen, und hierzu würden kalkartige Körper ungleich geschickter gewesen seyn, als Mist; denn dieser kann nur die Säuren — wenn solche auch irgendwo vorhanden sind, durch Hülfe seiner Erde, welche, wie dieß uns noch aus dem vorhergehenden Theil erinnerlich seyn wird, in 12. Fuhren $34\frac{1}{2}$. Centner betragen, wegschaffen und absorbiren. Das ängstliche Bestreben also nach Mist, der ohnehin, da er die Feuchtigkeit vermehret, das Wachsthum des Mooses also begünstiget, hier nicht

Ich wünschte hier nochmahlen, daß Sie vermögten, Ihren Viehstand auf ein paar Jahre von fremden Futter vermehren zu können. Jedoch wäre auch dies nicht, so wollte ich anrathen, so viele Asche von den Hausöfen, von den Seifensiedern rc. soviel man nur haben könnte, zusammen zu kaufen, solches alles mit Gassenerde *) untermischt auf Haufen zu bringen, so ein Jahr im Schatten ruhen **), dann im Herbst oder Frühling die Wiese mit überführen und dungen, zu Ausgang des Aprils aber mit scharfen Rechen wohl rein zu machen, und so auch dabey das Moos aufkratzen zu lassen — das noch darzu! rothen dreyblättrichten, Luzerner und Esparcettsamen mäsig überall hin einspritzen zu lassen ***).

So

nicht zum besten angebracht seyn würde, war übertriebene Anhänglichkeit an die auf animalische Auswürfe gegründete Theorie.

*) Wenn solche die Probe mit Scheidewasser für tüchtig erkläret.

**) Die Asche bedarf dieser Ruhe nicht, und der Schlamm kann binnen weniger Monate ohne Anstand aufgeführet werden.

***) Wenn das Erdreich die im zweyten Theil angeführten Eigenschaften besaß, denn kann

Espar-

So gewiß ich nun bin, daß nun auf solcher Wiese die beste und sehr viele Fütterung erwachsen müsse; so bin ich doch nie mit jenen Oekonomen, die alles im Grosen anfangen, einig; ich habe von jeher die Regel: Im Kleinen anfangen, uud im Grosen endigen adoptiret, und bitte also Euer Hochwohlgebohrne Excellenz hieben, nur vorerst den Vorschlag im Kleinen zu versuchen und nachher erst, so er gelingt, aufs Grose und Ganze zu verwenden.

Versagte wider alles Vermuthen mein Vorschlag; darauf denn also einen andern, und auch dieser wäre auf einem kleinen Fleck zu versuchen! Ohne Zweifel haben Sie in der Gegend Ihres Guts den Märgel. In schwerem Felde findet man ihn fast überall und allezeit 1. 2. 3. Schuhe tief unter der Oberfläche vergraben.

Mit diesem Märgel lassen Sie Ihre Wiese tüchtig und häufig im Herbst überführen, ihn umwerfen, im Frühjahr wohl eineggen und zerstreuen, und das Moos, so dabey ausgerissen wird, als eine gute Streu nach Hause brin-

Esparcette und Luzerner-Klee ohne ferneres aufgestreuet werden, auser diesem würde das Geradewohl schaden.

bringen; die Wiese mit Heublumen, allerley Kleesamen, Raygrassamen überspritzen; so wird, wie ich Erfahrung habe, ein guter Graswuchs sich zeigen. Wie er es bewirke, kann ich so ganz bestimmt wohl noch nicht sagen.

Nun wenn aber diese meine Vorschläge nicht gelingen würden (ein Fall, den ich nicht vermuthe), was hätte ich Euer Hochwohlgebohren alsdenn zu rathen? Ich könnte alsdenn nicht anders glauben, als daß dieser Boden durchaus mit schädlichen Theilen angefüllt seye, wobey aber dennoch nicht zu verzagen seyn würde.

Der allerschlechteste Boden kann in eine solche Lage gebracht werden, daß er sein Schädliches gänzlich verliehrt. Ich habe selbst einen solchen Boden in Besitz, auf dem das elendeste Gras wuchs, der nun aber, was ich darauf baue, in Menge herfürbringt. Ich behandelte ihn so, daß ich diesen elenden Grasboden umbrechen ließ; als dieß geschahe, fand sich schwarzer, blauer und gelber Letten, Plattenweis vertheilt; Niemand glaubte, daß da je eine Fruchtsorte fortwachsen könnte; ich ließ ihn gleichwohl, ohne gedungt zu haben, mit Haser besäen, und schon jezt wuchs der Ha-

fer

fer zu einer ungemeinen Höhe an, er gab das reichste Maas von den fettesten Körnern.

Das Feld fieng an rührig zu werden, so, daß der Boden den folgenden Frühling ganz leicht geackert werden konnte. Ich ließ ihn pflügen, ließ ihn ohne Dung mit Cartoffeln bestecken, und die Ausbeute war groß *). Den dritten Frühling ließ ich ihn abermahls ackern, der Boden war noch rühriger, ich besäete ihn mit Hafer und Kleesamen, der das folgende Jahr über Ellen hoch da stund. Seitdem dunge ich, ich baue ihn alle Jahre, und alle Jahre habe ich die reichsten Erndten an Gersten, Hafer, Cartoffeln rc., und meine darauf gepflanzte Bäume geben vieles und das schmackhafteste Obst.

Aus dieser Erfahrung, die nun schon 17. Jahre andauert, kann ich allerdings rathen!

Der

*) Alles dieses gibt zu erkennen, daß dieser Letten, wie dieses sehr häufig der Fall ist, ein verwitterter Thonmärgel, oder aber mit andern Worten: ein kalkartiger Letten seye. Ich besitze dergleichen Letten, der dem äuserlichen Ansehen nach, nichts Heterogenes zu enthalten scheint, und dennoch 32. Procente Kalk- und Bittererde führet.

Der Boden Ihrer Wiese kann ohnmöglich, wenn er ausgetrocknet ist (ich müßte auf meinem Garten mehrere Quellen und Sümpfe austrocknen), schlechter seyn, als der meines Feldes gewesen ist, so muß er auch so behandelt werden, wie dieser fruchtbar herfürtretten.

Euer Hochwohlgebohren Excellenz unterstehe ich mich also mit Zuversicht auf den besten Effekt zu rathen:

1) das ganze Feld zur Herbst- und Frühlingszeit mit dem Pflug umzubrechen.

2) Es unbedungt mit Hafer besäen *).

3) Im

*) Wenn das gestürzte Erdreich nicht mit Säuren brauset, so ist die Aussaat des Hafers vergebens geschehen. Man berathe sich dahero am besten, wenn man das Erdreich zuvor mit Märgel oder kalkartigen Körpern vermischet. Ich behandelte zwey auf hohen Ebenen gelegene Felder der nehmlichen Art, welche nie wegen der Höhe gedunget worden waren, mit dem besten Erfolg, also: Ich ließ nach der Kornerndte — zu einer Zeit, wo das Feld seine gehörige Trockne und Feuchte hatte, das Erdreich mit einem Wend-Pfluge, so tief als es mittelst 4. Stück Vieh in schwerem Felde geschehen konnte, stürzen. das Gestürzte,

3) Im folgenden Frühling mit Cartoffeln und Turnips bestecken,

4) den kommenden Frühling wieder mit Hafer und Kleesamen, allezeit unbedüngt, besäen *).

5) dieses Gemische, wenn es halb Ellen hoch ist, abmähen und grün füttern lassen.

So gewinnen Sie gewiß auf das folgende Jahr den allerschönsten Kleewuchs, und da sie

te, das, ohngeachtet es Getraide trug, einer Heide glich, bis in die Mitte des Januars liegen, alsdenn die wenigen noch unzerfallenen Stücke Rasens mittelst schwerer Karste zerkleinern, und alles mit Märgel, den ich nicht ferne davon, verwittert in Menge erhielt, gehörig überführen. Der Märgel entsprach 15. Procenten, und das Erdreich besaß deren 4. auch in einigen Stellen nur 2½. Mit Anfang des Monat März ließ ich beides: Erdreich und Märgel durch Pflug und Egge aufs beste vermischen, in dem folgenden Monat mit Cartoffeln, alsdann aber mit Roggen anbauen.

*) Ein sehr mißlicher Rath! Nicht jedes Feld hat in der Tiefe, welche der Pflug erreicht, kalkartiges Erdreich. Ist die obere also und die untere Erde arm, wie kann sie unbedungt d. i. ohne die gehörigen Bestandtheile zu besitzen, dergleichen Früchte tragen?

Sie schon durch den Hafer das abgewichene Jahr Ihren Viehstand vermehren, und heuer noch mehr vermehren können, so wird es nun an Dung niemahlen gebrechen.

Allein werden mir Euer Hochwohlgebohren Excellenz allerdings einwenden: — woher nun Gras vor mein Vieh, wenn durch das Umbrechen das Gras und Grummet wegfällt.

Ich antworte: Ists möglich, so kaufen Sie dieses von sonst woher ein! — Ists nicht möglich — so rathe ich an, ein Stück von Ihrem besten Ackerfeld zu nehmen, solches mit dreyblättrichtem rothen Kleesamen besäen zu lassen; von 6. 7. Morgen können Sie wohl 15. 20. Wagen voll dürres Kleefutter erhalten; so haben Sie Fütterungsersatz zwey- dreyfach. Dieses Feld braucht keinen Dung, der Gyps, die Asche thut da alles.

Lassen Sie alle den vorräthigen Mist auf die noch übrige Aecker zusammen hinführen, ich bin versichert, diese, besser als vorher gedungt, werden Ihnen weit mehr, wenigstens eben so viel an Getraide abwerfen, als die vielen zuvor nie. Ja ich sage noch mehr! Wenn es bey dem Herumbrechen der Wiese nicht anders

seyn

seyn könnte, als daß man das ganze Ackerfeld dazegen zu Klee abgebe; so sollte man es thun, um nur einmahl in Stand zu kommen, hinlänglichen ja überflüssigen Dung zu bekommen.

Man würde dabey gewiß nichts verliehren, der Klee, die umgerissene Wiese, die nun angebauet wird, ersetzen jetzt schon in diesen Jahren alles auf den Aeckern abgehende Getraide.

Bey allem diesen, wollte ich doch nicht, daß alles auf Einmahl im Grossen versucht würde. Man kann ja alles im Kleinen versuchen, alsdenn im Grossen ausführen.

Sollten nun alle diese meine Vorschläge versagen, so glauben Sie nur gewiß, daß keine mehr übrig sind, wodurch Sie solches zu verbessern im Stand sind.

Es gibt Lagen, das kann einmahl nicht geleugnet werden, darauf alle Arbeiten auf einem nützlichen Getraide- und Kleebau versagen. Das sind die Güter auf Bergen, in Wäldern, auf unabzulässenden Sümpfen, wo Kälte, Feuchtigkeit, Nebel alles zernichten, wo Menschenhände zu schwach sind etwas zu ändern.

Wäre Ihr Gut von der Art, so verkaufen Sie es so geschwind als möglich; weder Vergnügen, noch Gewinn käme da jemahls heraus. Aber gesezt, wie ich hoffe, Ihr Gut nähme die Mühe an, so haben Sie Gewinn und Vergnügen unter der Verschönerung desselben und der Schöpfung eines Nichts zu Etwas im Vollen zu erwarten, und dann freue ich mich mit Ihnen auch selbst!

Nun Euer Hochwohlgebohren Excellenz auf einige Nebenfragen schuldigst zu antworten!

Der Gyps macht auf sauren, mit Vitriol gefüllten Feldern *), weil er selbst Vitriol ist, keinen Effekt. Im Schatten, auf durchnäßten Wiesen versaget er auch. Dort dienet nichts so sehr als Mist und Gülle.

Der Gyps thut gewiß auf alle Erdgewächse Wunder. Unterdessen ist gewiß, daß man mit allen andern Steinen, auser den Kiesel, und Sandsteinen, zu düngen vermag **).

Diese

*) Dergleichen Felder sind leider nicht vorhanden. Existirten sie, wie reichlich würden sie sich nicht verinteressiren!

**) Und warum ist der eigentliche Kieselstein, der doch schwerer als der Kalk- und Gypsstein ist, nicht zur Düngung geschickt?

Diese Steine aber müssen zu Mehl, also ganz rein gestossen, und wie der Gyps aufgestreuet werden.

Ich weiß, in einem meiner Bücher gesagt zu haben, daß die ganzen Steine auch auf den Aeckern ihren grosen Nutzen haben; aber dort suchte ich ihren Nutzen, in der Feuchtigkeit, die sie unter sich den Wurzeln des Getraids erhalten.

Kalk! — o ja Kalk, ist auf den moosichten Wiesen, so auch auf Aeckern ein herrlicher Dung, und hält ziemlich lang an; er löset auf und entwickelt *) die Nahrungstheilchen für die Gewächse geschwind und treflich. Doch ihn beständig ohne nachgesezten Dung zu gebrauchen, unterstünde ich mich nicht. Ich habe ihn gebraucht und auf einer Wiese spürte ich drey Jahr lang seine sehr gute Wirkung **).

Ich habe die Ehre zu seyn

Euer rc. rc.

unterthäniger Diener,

Joh. Fried. Mayer.

Kupferzell den 10. Jan. 1778.

*) Fehlten diese aber nicht, ehe man ihn anwendete?

**) Auch dieses beweiset, daß der Kalk aufgelöset worden ist; hätte er instrumentaliter gewirkt, so würde diese Wirkung fortgedauert haben.

VI.

Briefwechsel

mit

Sr. Hochfreyherrlichen Excellenz

dem

Hochfürstl. Wirzburgischen und Fuldaischen Cammerherrn, geheimen Rath, und Oberamtmann

Freyherrn von Truchses ꝛc.

Hochwohlgebohrner Freyherr,

Gnädiger Herr!

Nun ich dann wieder zu Hause bin, so erinnere ich mich unter dem gar vielen Angenehmen, so ich in Wirzburg zu geniessen die Ehre und Gnade hatte, schuldigst an Euer Hochwohlgebohrn Excellenz gnädiges Begehren.

Der Schlehof lag mir bisher immer vor meinen Augen; ich sehe nun die Möglichkeit ihn vollkommenst verbessern zu können, immer näher ein, besonders da Proben von der Güte meines ersten Vorschlags schon da sind;

Daß nemlich der daselbst sich in sehr grosser Menge befindliche allerbeste Märgel auch auf seinem ärmsten Sandfelde aufs allerbeste

an-

anschlägt, wie es die schönen dreymal längern und fettern Aehren gegen denen, die da wuchsen, wo kein Märgel aufgeführet wurde, die überdieß möglichst dichte in einander stunden, aufs allerklärste erweisen, so geht man nun zu Werke und überführt alle seine Felder nach und nach mit diesem sichersten Mittel der Verbesserung in derjenigen Menge, in welcher jene wenige Beeten bereits schon überführt wurden, und die Erndten müssen ferner auf das reichlichste ausfallen; schon der Märgel allein trägt hierzu sehr vieles bey; wird aber nun auch noch der Gyps mit hinzukommen, so wird es noch besser gehen.

Sezt man endlich die Gülle und den Mist auch noch bey, so muß es ja werden.

Die Anlage zu einem Güllen-Loche, ist wesentlich bei Behandlung der Sache. Mist-Gauche allein ist nicht Gülle; Was ich versprach, das will ich hier halten und Hochdenenselben das Schreiben meines Freundes, eines erfahrnen Schweitzers, zum nöthigen Unterricht zustellen; Hier ist es:

Liebster Herr Pfarrer!

Daß der Mist recht behandelt werde, ist einer der wichtigsten Artickel in der Landwirthschaft. Die Art, wie solches in einigen Orten im Canton Zürich geschiehet, hat gewiß etwas vorzügliches, und ist so beschaffen:

Hinten am Viehstand wird anstatt der gewöhnlichen Rinnen ein Kanal gezogen, ungefähr 9 Zolle breit und 6. Zolle tief; in diesem werden die Bruckladen gefalzt, daß der Harn ordentlich darein abfließen und das Vieh trocken liegen möge. Bey seinem Auslauf wird eine Falle angebracht, die mit Mist wohl zugestopft wird, daß der Harn in dem Kanal liegen bleibe. An diesem Auslauf wird ein Kasten eingegraben, der nach der Menge des Viehes grösser oder kleiner ist. So oft man nun Futter giebt, wird der dicke Abgang unter dem Vieh weggenommen und in den Kanal geworfen, und täglich mit dem darinn liegenden Urin wohl umgerührt, damit alles klein werde; wenn nicht genug Urin da ist, gießet man genugsam Wasser hinzu, daß dieser Quark einem dicken Brey gleich wird. Das Stroh, so mit dem Mist in Kanal gekommen, wird

bey

bey diesem Umrühren hinausgefischt, dem Vieh wieder untergelegt, und mit trocknen überstreut.

Ist der Kanal voll, so wird er in den Kasten abgelassen, nicht weit davon sind grössere Kästen, die wohl zugedeckt werden, damit kein Regenwasser hineinfliessen kann. In diese wird der Quark aus dem ersten Kuhgraben-Kasten getragen mit 2. Drittel Wasser vermischt *), wöchentlich wenigstens einmal gerührt, und

*) Daß eine so genaue Bestimmung des Wassers bey der grossen Verschiedenheit der Fütterungen nicht möglich seye; dieß wird jeder meiner gütigen Leser hier von selbst aus den angeführten Verhältnissen der salzichten Theile der Gewächse einsehen. Man erwäge das Gewicht der salzichten Theile, der Rüben, Rangersen, Erdkohlraben, Kartoffeln 2c. gegen das, der verschiedenen Arten Klees, dieser: der Klee-Arten nemlich, gegen das, des gemeinen Wiesen-Heues und des grünen Habers 2c — und wie verschieden wird man nicht Excremente und Urin — wie verschieden dahero nicht die Gülle an Salz und Erde finden? Wo salzreiche Gewächse verfüttert werden, da also nehme man die angegebene Menge Wassers und bey ärmeren: werden sie grün verfüttert, höchstens $\frac{1}{4}$ — getrocknet aber $\frac{2}{4}$ desselbigen.

bleibt da liegen, bis die Gährung vorbey ist, welches daraus erkannt wird, wenn die Gauche beym Rühren nicht mehr schäumt. Es währt nach Beschaffenheit der Witterung 5. bis 7. Wochen.

Kästen muß man genug haben, daß man den Kuhgraben leeren kann, wenn er voll ist, und nicht genöthiget werde, die Gauche auszutragen, ehe sie völlig gegohren hat. Es ist gut wenn die Kästen so liegen, daß man nicht nöthig hat, Wasser hinein zu tragen, sondern es von einem nahe gelegenen Brunnen hineinlaufen oder aus einem Bach zuschöpfen kann.

Hat man entlegene Güter, so werden auch wohl dort Kästen angelegt, der $\frac{1}{3}$ Quark wird hinein geführt, $\frac{2}{3}$ Wasser fliessen dort hinein; so erspart man Arbeit.

Diese Gauche thut auf Aecker und Wiesen vortrefliche Dienste. In trocknem Boden, wo der Mist selten gut anschlägt, fehlt die Wirkung der Gauche fast niemals.

Man führt sie zu allen Zeiten weg, nur bey gar zu nassem Wetter, und auch bey der grossen Hitze nicht, auch nicht bey allzustarken Wind.

Sie

Sie vertreibt die Regen-Würmer kräftig. Nach der Güte des Bodens braucht man 3-500. Eymer auf 36000. Quadratschuhe.

Will man keine Gauche und geschwind vielen und guten Mist haben; so wird der Kuhgraben wie oben behandelt, aber anstatt ihn abzulassen, wird er mit Stroh aufgetrocknet. Dieses wird dem Vieh wieder untergelegt und mit trocknem überstreut. Wenn der Stall ausgemistet wird, wird das trockne Stroh vorher in den Kuhgraben getaucht und nach der Miststätte gebracht. Auf diese Weise wird der Mist durchaus gleich gut, fault bald und gleich, und der Stock ist bald groß.

Der Mist selbst kommt etwa einen halben Schuh tief in den Boden, welcher abhängig gemacht wird. Vornen ist ein Sammler, worein alle Feuchtigkeit aus dem Mist, die ohnedieß meist verlohren geht, sich hineinziehet.

Wenn der Mist in Hitze gerathen will, wird er damit begossen; ist dieses nicht nöthig; so schöpft man sie in die Kästen, vermischt sie mit $\frac{1}{6}$ Kuhgraben-Quark und braucht sie nach vollendeter Gährung.

Unsere Felder werden wenig gemistet; man düngt sie mit der Gauche aus den Abtritts-

Löchern oder Secreten, worein das Abwasch-Wasser aus der Küche fließt.

Sie tragen davon reichliche Früchte; man hat in 3. Jahren 4. Erndten: 1) Waizen oder Dinkel, 2) Winter-Gerste oder Roggen, nachher oder 3tens weiße Rüben, 4) Saubohnen mit Erbsen, worunter etwas Hanf-Saamen gestreut wird; gebrachet werden sie gar nicht.

Hier befindet sich bey jedem Hauß ein Abtritts-Loch, das 1. 2-300. Eymer hält, dahin richtet man, wo nur möglich ist, den Guß-Stein aus der Küche.

In unserm Hauß, worinnen über ein Dutzend Menschen wohnen, geht auch der Abfluß des Waschhauses dahin. 400. Eymer auf ein Jauchert Feld reichen dahin.

Ich habe schöne Erndten. Das Loch fournirt wohl jährlich 1000. Eymer, deren einer mit 1. Kr. bezahlt, zum Transport aber werden 1½ Kr. gerechnet. Man führt die Sauche in Fässern meistens aber auf Karren, darauf 10. geschlossene Tausen (Trag-Butten) stehen, deren jede einen Eymer hält und mit 2. Trag-Banden versehen, so, daß die Arbeits-Leute die Arbeit gut verrichten können.

Den Karren zieht ein Pferd oder ein Ochs.

Hier werden wenigstens $\frac{2}{3}$ Felder aus den Abtritts-Löchern gedungt; die Vieh-Gauche nimmt man für die Wiesen, wohin überdieß Gyps, Asche und dergleichen gebracht werden; $\frac{3}{4}$ des Dungs oder Mists vom Vieh, nebst allerley Abgang, als: Leder ꝛc. wird den Weinbergen beygelegt.

In unserer Stadt werden jährlich 5. bis 600. Ochsen gegessen, ein paar tausend Schaafe, Schweine in Menge, und vielleicht 1000. Fuder Wein dazu getrunken. — Das giebt, ohne Ruhm zu melden, bessern Dung, als auf den Dörfern bey Kraut und Rüben.

Mein Wunsch hierbey sey dieser, daß sich Euer Hochfreyherrlichen Excellenz dieses mit vielem Nutzen bedienen. Bin unter dem vollkommensten Respekte

Euer ꝛc. ꝛc.

unterthänig treuester Diener,
J. F. Mayer.

Kupferzell
den 14. August 1777.

Wer-

Wirzburg den 13. November 1777

Werthester Herr Pfarrer!

Herr Sulzer schreibt sehr einnehmend von der Mist-Gauche; so besitze ich auch einen kleinen Tractat darüber vom Herrn Tschiffeli. Ich hatte grosse Lust, an diesen Herrn zu schreiben, und mir meine Zweifel auflösen zu lassen.

Mein Zweifel ist folgender: In Ansehung der Menge, damit zu dungen, sind beyde Herren einstimmig; in der Gährung aber will Sulzer 6-7. Wochen, und Tschiffeli 3. Wochen haben; parta! Tschiffeli sagt: Ein erwachsenes, in dem Stall gefüttertes Stück Rindvieh macht täglich, mit Zusatz des Wassers, 2. Eymer, den Eymer zu 50. Maaß — die Maaß zu 2. Pfund, also beynahe 2. Eymer unsers hiesigen Gemäses. Nun setzen Sie werthester Freund! nur 25. Stück Vieh — diese machen täglich 50. Eymer, in 3. Wochen oder 21. Tägen also 1050. Eymer, dazu gehören 2. ansehnliche Kästen, denn er will nebst einem, worein die Gauche aus dem Stall lauft, noch 2. Kästen haben. Nun nehmen Sie, daß man nicht bey aller Witterung Gauche

füh-

führen darf; folglich bekommt man ein Meer von Gauche und hat ganze Aemter zum ausführen nöthig; doch, so arg ist es nicht; gleichwohl da ich gerne alles nützliche mit Eifer unternehme, so möchte ich von beyden Herren Sulzer und Tschiffeli, wissen, ob auch ihr Rühmen von dieser Dungungs-Art auf diese Grösse gemeint seye — dann will ich gleichwohl einen See zur Gauche in meinen Hof graben lassen. Vermuthlich müssen jegliche tägliche 50: Eymer von diesen 28. Stücken Vieh nicht einen besondern Kasten, und jeglicher Tag, also 3. Wochen bis zu seiner Zeitigung haben; ist dieses, so will ich die Veranstaltung machen.

Der Wiedertäufer Möllinger zu Moßheim in der Pfalz düngt viel in fast gleicher Art, ich schreibe auch an diesen. Tschiffeli schlägt ein gutes Mittel gegen das Einfrieren für. Ich bin rc. rc.

Euer

aufrichtiger ganz ergebenster
Freund und Diener

v. Truchses.

Hochwohlgebohrner Freyherr,
Gnädiger Herr!

Ich lege hier die Antwort meines Freundes, des Hrn. Dr. Sulzers in Winterthur, und seines Freundes Herrn Schultheß aus Zürich unter dem Zeichen ◎ unterthänig an. Hrn. Tschiffeli Antwort vermisse ich noch.

Sehr praecis sind die Herren Schweitzer mit der Gülle, ich gestehe es, das wäre ich nicht, wer will auch Knechte, Mägde zu aller dieser Genauigkeit vermögen? — Nur wären 2. 3. 4. Vertiefungen in dem Hof genug, dahin müste das Mistwasser, dahin liesse ich auch den abfallenden reinen Auswurf vom Stalle hinbringen. — Das mir wichtigste! — Wenn ich einen so grossen und schönen Hof so nahe an einer so grossen Stadt, als Wirzburg ist, hätte; so würde ich Anstalten machen, daß ich den Abfall oder die natürliche Auswürfe aus dem s. v. Sekreten in diese Löcher einschüttete und dann diese Masse liesse ich nach und nach wie sie gährte oder gegohren hätte, auf meine Felder führen, und da vertheilen. Nichts könnte ohne wenigere Kosten mehr nutzen als dieses; In der Pfalz,

am

am Rhein-Strom, im Baadischen haben nun die meisten Felder Taback, Krapp und Reps auf. Der Centner Tabacks-Blätter, der sonst mit 5. bis 7. fl. bezahlt wurde, wird nun vor 24. fl. verkauft, und vor solche Waare zogen, wie ich von Glaubwürdigen vernehme, ein paar Ober-Aemter bey 200000. fl. in einem Jahre ein.

Kein Gut hat in halb Teutschland zum Tabacks-Bau eine so gute Lage, so viele Natur hierzu, als der Schlehof. Wäre er mein, die ganze Feldung müste umgewechselt Klee und Taback tragen. Die Gülle aus dem Hofe, das Blut, das abgestreifte der Gedärme und dergleichen, so der Fleischhauer hinwegwirft, müste mir dazu Dung, hinlänglichen Dung geben.

Wie vieles könnte man so nicht gewinnen, ehe noch die Nachbarschaft diese Geldgrube entdeckt und vorwegnähme. Ich bin mit einem Herzen vollkommenster Ehrerbietung

Euer

unterthänig-treuester Diener,

J. F. Mayer.

Kupferzell
den 28. Merz 1778.

O

Mein liebster Herr Pfarrer!

Hier haben Sie nun die Frage des Herrn Geheimen Raths Baron von Truchses beantwortet. Aus ersterm Schreiben Nro. 1. wird Ihnen, wenns nicht schon bekannt ist, der Mechanisimus des Kuhgrabens bekannt werden, und aus Nro. 2. die Oeconomie des Abganges in Wohnhäusern nach meinen Remarquen.

Gewiß ist dieß ein Stück mittelmäsig groß Vieh, (Herr Schultheß redet vom grossen, und Sie in Franken vielleicht von kleinem; in meinem Stall hatte ich nie ein Kalb unter 70. Pfund — versteht sich, wenn es geworfen wird, ehe es von der Kuh gesogen hat, wohl aber von 80. 90. und 100. Pfund, das Pfund zu 36. Loth. Ich habe vor einigen Jahren einem Freund eine Kuh vor 10. Louisd'or verkauft, die bekam in seinem Stall ein männliches Kalb, so in den ersten 24. Stunden 120. Pfund gewogen). — Also ein Stück mittelmäsig Vieh, so beständig im Stall gefüttert wird, liefert jährlich 400. hiesige Tausen, Butten, Güllen, welche aus $\frac{1}{3}$ Kuhgraben, Gauche und $\frac{2}{3}$ Wasser besteht.

Ein

Ein Stück Vieh, wie man im Appenzeller Land in dem innern Canton bey Tausenden hat, liefert sicher und ohne Fehl 600. Tausend jährlich. — Wenn das Feld nicht schon viele Besserung hat, so ist diese Vieh-Gülle (mit der Menschen-Gülle, vide Nro. 2. ist es was ganz anders,) allein zu schwach, reiche Erndten zu liefern *).

Wenn aber alle 3. Jahre mit Mist gedungt wird (denn Brache haben wir keine); so helfen 400. Bugglen von dergleichen Gauche 1. Juchart in 36000. Quadratschuhen zu sehr

*) Die Vieh-Gülle besitzet grösten Theils salzichte und die Menschen-Gülle neben diesen sehr viele erdichte Theile. Räthlich ist es dahero bey dem Gebrauch der Gülle: denn diese ersetzet nur neben den salzichten einige erdichte Theile, die Erdenmischungen nie aus den Augen zu setzen, und zu diesem Ende, da wo es an Märgel und sonstigen nützlichen Erdarten fehlet, alle nur zu erlangende Thon- und kalkartige Abgänge, wenn man sie zuvor nach der beschriebenen Weise geprüfet hat — sorgfältig zu sammlen, und solche entweder in den Kuh-Graben zu werfen, oder aber zu Mehl gemacht auf die Felder zu führen.

sehr ergiebigen Erndten. Je später gegen das Frühjahr der Gebrauch davon gemacht wird, je besser schlägt sie an. Im Sommer rechnet ein verständiger Landwirth circa 2. im Winter 3. Monate zur Gährung. Daß aller Zufluß von Regenwasser so viel möglich abgeschnitten werden müsse, ist fast nicht nöthig zu sagen, weil eine geringe Menge desselben die angefangene Gährung hintertreibt *).

Wenn die Zufuhr-Löcher unter einem Dach angelegt werden, dann mit $\frac{2}{3}$ Wasser angefüllt, alle Tage die vorhandene Kuhgraben-Gauche darein geschüttet wird; so ist allerdings in 3. bis 4. Wochen die Gährung vorbey und die Würkung stärker. — Ich habe dergleichen nicht länger als 14. Tage gelegene Güllen aus Noth auf Gersten geschüttet und sie hat sehr gut angeschlagen. — Wenn Hr. B. von Truchses im Ernst dahinter will, werden Sie ihm ja die Stallfütterung und den damit verbundenen Kleebau als die Seele einer ganzen Landwirthschaft empfehlen. — Wenn ich dem Herrn von Truchses zu rathen hätte, so würde ich, um viel Mühe, Verdruß und Unkosten zu ersparen,

*) Eine sehr richtige Bemerkung!

sparen, wie auch Herr Schultheß am Ende seines Briefs anräth, einen der Sachkundigen Knecht aus der Schweitz kommen lassen. Er darf nur Herrn Schultheß oder mir Commission ertheilen, wir werden ihm einen habilen Pursch schicken.

Leben Sie wohl. Ich bin von Herzen

Ihr

ergebenster
D. Sulzer
zum Adler.

Winterthur den 9. Merz.
1778.

P. P.

In meinem Hause wohnen 3. Haushaltungen, so viele Abtritte; alles Wasch- und Abspühl- und anderes Wasser, wovon immer beynahe die Hälfte warm, fließt mit jenem zusammen, wozu noch das Wasser aus dem Waschhauß kommt, wo unsere Haushaltungen im Früh- und Spätjahr waschen. Alles dieß füllt den Kasten, der 160. Buggeln faßt (ein Buggeln ist circa ein Eymer) jährlich wenigstens 7. Mahl; so, daß alle 6-7. Wochen 150. Eymer

mer weggeführt werden können, so bleibt immer noch circa ein Karren voll Dickes liegen, welches sich mehret, und alle Jahre einmal ausgeräumt werden muß, dieß kommt in den Garten *), welche 900. bis 1000. Eymer mir eben recht hinreichen, 2. Juchart Feld zu beschütten. Frühling und Herbst, etliche Wochen noch vor dem Waschen kann öfters ausgeführet werden, als im Sommer, wo diese Beschütte in die Gärten und auf die abgeschuntenen Wiesen, gegen den Herbst aber auf die

*) Dieses Verfahren verdienet der Nachahmung nicht; der zurückgebliebene Schlamm ist den Feldern unentbehrlicher als die helle Gülle selbst, denn er besitzet die, den Pflanzen so nöthigen Erdarten, leztere aber gröstentheils nur salzichte Theile: da nun die salzichten Theile erzeuget werden können, wenn es nicht an Erde fehlet, die erdichten aber nicht, so folgt hieraus: daß man entweder (es verstehet sich, wenn der erdichte Schlamm den Gewächsen, die man damit begieset, nicht hinderlich in Ansehung des Gebrauchs ist) vor der Herausnahme, die Gülle jederzeit wohl umrühren, oder aber Schlamm und Gülle jedes einzeln auf die Felder führen müsse.

die weissen Feld-Rüben *), und so man übrig hat, zu den Fruchtbäumen gebraucht wird. Ich lasse keinen Eymer dieser Flüssigkeit an einen von besagten Orten hinleeren, wo man nicht den augenscheinlichsten Nutzen siehet. So ists mehr und minder fast in allen Häusern hier, und unsere Felder werden lediglich auf diese Art bedient, der Bau kömmt in die Weinberge, der Schornbau wird in die Reben und Wiesen vertheilt, doch braucht man in leztere weniger, seitdem der Gyps und die Torfasche bekannt worden.

Diese Güllen der Abtritte, welche alle andere übertrift, wird das ganze Jahr durch ausgeführt und ausgetragen, die heissesten Sommer-Monate durch nur Morgends und Abends — das Austragen geschieht in Buggeln, die oben beschlossen sind, und einen grossen Zapfen haben, den der Mann, indem er die Buggeln noch am Rücken hat, öfnen kann und ausleert rc.

Er fängt aber, indem er sich zum Ausleeren bückt, an, immer Schritt vor Schritt

*) Für Rüben, Rangersen, Cartoffeln rc. ist die Gülle, wie dieß zwar schon unter den Artikeln: Rüben, Cartoffeln angeführet worden ist, ein unverbesserliches Dungmittel.

hinter sich zu gehen, und dabey stets von der Linken nach der Rechten, von der Rechten nach der Linken zu schwanken, daß so ein artiges Viereck von einem Buggeln begossen wird, wo er am Ende dasselbe mit einem Räthlein bezeichnet, daß er wisse, wo er mit der nächsten Buggeln fortzufahren habe. Wenn ihrer mehrere zugleich austragen, so leert einer um den andern aus, richtens aber gleich so ein, daß sie einander nicht hindern, gewöhnlich werden 10. solcher Buggeln auf einen 2 oder 4 rädigen Karrn geladen, mit dem Karren gehet noch einer, der eine Buggeln voll mitnimmt.

So wird mit dem Karren bis nah angefahren und die Buggeln auf den Acker getragen — oder die Güllen wird in Fässern transportirt, bey dem Acker in einen Zuber geleert, aus dem Zuber in die Buggeln gefüllt und vertragen. — Auf den Wiesen ist lezteres nicht nöthig, sondern da wird aus dem Zuber mit einem Schuffi (Schrepfe) die Jauche versprengt. Viele befestigen auch hinter dem Faß einen kleinen Kasten mit Löchern durchbohrt, lassen die Gauche durch den geöfneten grossen Hahnen laufen, und fahren so sachte mit dem

Karren

Karren fort. Zu kleinen Löchern werden grosse Ständen (Ständer, Kufen), eingegraben und mit Lett unten auf den Seiten wohl vertubelt (verdammt). Grössere werden gemauert, gewöhnlicher aber aus länglichen viereckigen hölzernen Kasten gemacht. Gemeiniglich braucht man zu einem Kasten, 3 oft auch 4 Kränze, und oben eine eichene Rahme — so, daß ein Kasten 6 - 7 Schuhe tief wird, und sich bequem schöpfen läßt. Sie müssen auch wohl verwahrt seyn, daß kein Regenwasser hineinlaufe, und sie im Winter nicht gefrieren.

Dr. Sulzer.

Wirzburg den 22. April 1778.

P. P.

Sie haben mir einen charmanten Brief voll freundschaftlicher guter Rathschläge geschrieben; ich will mir das nützliche wegen des Tabacks, vielleicht noch für das künftige Jahr gesagt seyn lassen; aber nur die Gelegenheit zum Aufhängen, und diese auch hier in der Stadt zu finden, macht die größte Beschwerlichkeit; denn Mistbeete anlegen und Pflanzen in solcher

Quantität ziehen, könnte man endlich noch; kurz ich werde der Sache weiter nachdenken; einen ziemlichen Verlag an baaren Geld für die Arbeiter erfordert es auch.

Nun, mein lieber Freund! sehe ich endlich dem guten Ertrag meines Schlehofs in gar verschiedenen Artickeln näher entgegen, die Grundsäule ist aufgeführt: Futter und Düngung genug, eine wohlergiebige Milchmeyerey, gegen 200. Morgen mit türkischen Klee, sogenannten Esparsette, 100. Morgen ordinairen Klee, Brauerey, Brandweinbrennerey, Rangersen (Turnips), Obst-Trester in Menge wie bekannt, die Treber meiner Brauerey; was giebt das nicht für Futter! Ich muste dieses Frühjahr schon etwas Kleehen verkaufen, weil ich wegen abgebrannten Stallungen den Winter mein Vieh nicht alles stellen konnte. Nur 32 Kühe, 16 Ochsen, 4 Pferde auf dem Hof zu haben, ist mein festgesetzter Status, ohne die Schweine und einige Böcke, welche mir meine Mühle treten sollen. Gott sey gedankt. Ich bin von Herzen und und mit vollester Hochachtung

Euer

ganz ergebenst gehorsamster Diener,

Truchses.

Hoch-

Hochwohlgebohrner Freyherr,

Gnädiger Herr!

Ich unterschreibe gar gerne aus vollkommenster Ueberzeugung, daß die Gülle die Hauptkraft des Abfalls enthält; allein ich wiederhole es da wieder:

So eine gar grosse Genauigkeit, welche vom Gebrauche der Gülle viele abschrecken könnte, deucht mich eben, seye im grossen zu beobachten, wohl noch nicht nöthig.

Damit, das sey ferne! will ich dennoch nicht sagen, daß man der Herren Schweitzer Vorschlag und Vorgang, als eine von ihnen längst geprüfte, und ihnen sich erprobte Sache ganz verachten und weglassen müste.

Die Gülle ist gewiß aller Mühe werth, und man sollte sie mit eigensinnigster Genauigkeit bearbeiten; aber doch auch glauben, wenn an ihr zufälliger weise etwas versaumt oder verkehrt gethan wird, daß sie ihre Wirkungen doch äussert, sey es um einige Grade mehr oder weniger, besser oder schlechter. Wie sollte ich Euer Hochfreyherrl. Excellenz eisenharten Vorsatz, die Gülle im Schleehof einzuführen nicht vollkommenst billigen?

Ich bin

Euer Hochfreyherrl. Excellenz

unterthänig treuester Diener,

J. F. Mayer.

Kupferzell
den 10. May 1778.

VII.
Briefwechsel
mit
Sr. Hochfreyherrlichen Gnaden
der
Frey-Frauen Stockhorner von Starein
gebohrnen
Frey-Frauen von Tunderfeld.

P. P.

Ich habe jezt meine eigene Haushaltung, und da ich kleine Kinder habe, so brauche ich jährlich gegen 100. fl. vor Milch, Butter und Schmalz. Nun möchte ich gerne wissen, ob ich

ich Vortheil davon hätte, wenn ich selbsten zwo Kühe hielte? Allein ich habe kein Halm Gras, sondern müste alles kaufen. —

Haben Sie also die Gewogenheit, mir zu sagen, was Sie für mich am nützlichsten zu seyn glauben: — Kühe halten, oder Milch, Butter und Schmalz ferner um baar Geld kaufen. Ich bin mit wahrer Hochachtung ꝛc.

Kirchberg
den 6ten April 1778.

Hochwohlgebohrne Frau,
Gnädige Frau!

Unter dem nützlichen ist in einem Haushalten das Bequeme gemeiniglich mit verstanden, und so zu rechnen thut man ganz wohl. Rede ich also von dem Bequemern am ersten!

Es ist allerdings sehr unbequem, in einem Ort, wo die Milch nicht alle Tage von Verkäufern ins Haus getragen wird, Butter und Schmalz die Woche durch nicht, da man sie eben benöthiget ist, haben zu können, und wenn man sie etwa noch haben könnte, schlechte, nicht so gar appetitlich behandelte Waare hoch

bezah-

bezahlen zu müssen. Diesen Unbequemlichkeiten zu entgehen, wird man sich da ein paar Kühe in den Stall allerdings einwünschen.

Vor allem aber muß ich hier sogleich anmerken, daß ich nicht glaube, daß man im Stande seyn wird, ein mässiges Haushalten aus der Nutzung zwoer Kühe besorgen zu können. Man darf nur die Milch, den Rum, deren man täglich benöthigt ist, wegrechnen; so wird man gar leicht ermessen, daß man die Butter und das Schmalz, dessen man Jahrs ein bedarf, nicht mehr herausbringt. Dem aber ohngeachtet nehme ich nur zwo Kühe in meine Berechnung.

Der Aufwand auf zwo Kühe in einem Jahr.

Der Ankauf der Kühe à 20. fl. Vierzig Gulden.

Jahrs-Zinß hiervon à 5 pro cent	2 fl
Hierauf ist eine Magd zu halten.	
Jahrs-Lohn	10 fl
Ihre Nahrung betrüge wenigstens 40 fl., weil sie aber doch neben dem, im Hause manche Arbeiten thun kann; so soll diese ihre Neben-Arbeit ihre halbe Kost gut machen, bleibt also noch	20 fl

Wären

Wären im Sommer keine gute Vieh-Weiden, so würde die Sommerfütterung vor zwo Kühe nicht unter 20 : 30 fl zu erhalten und also als Aufwand anzurechnen seyn. — Ich will aber setzen, daß die Kühe auf gute fette Weide gehen, so bedarf man doch noch etwas grüne Fütterung für sie zum Stall: Ich setze für solche à 9 fl an 18 fl

Eine Kuh bedarf Winters hindurch täglich 20 Pfund Heu oder Grummet. Diese thun in einem Monat 6 Centner; da nun das Vieh vom 1 October bis zum 1 May mit Heu gefüttert werden muß; so bedarf man zu einer Kuh in diesen 7 Monaten 42 Centner, den Centner zu 30 Kr. gerechnet, machet für zwo Kühe 42 fl

Obgleich das Geströh zum Einstreuen mehr als der Mist von der Einstreuung werth ist; denn man bedarf für eine Kuh wenigstens 150 Bund Stroh, also zu zween 5 Schober, den zu 3 fl., so soll doch beydes gegen einander aufgehoben werden.

32 Pfund Salz, also 64 Pfund zu 2 Kühen 2 fl

Dieses macht zusammen 94 fl

Nu-

Nutzung von zwo Kühen in einem Jahr.

Die Kuh giebt nicht das ganze Jahr hindurch Milch; man hat wenigstens ein ganzes Vierteljahr gar keine von ihr.

Gut gefüttert, neumelkigt kann eine von Natur milchreiche Kuh des Tags 5 auch 6 Maaß Milch, die Maaß zu 3 Pfunden gerechnet, abgeben, sie giebt aber auch, wenn sie dem Kalben näher kommt, kaum 3. 2. und 1 Maaß des Tages. Im Durchschnitt also durch die $\frac{3}{4}$ Jahre die Abgabe der Milch auf 4 Maasse des Tags gesezt, jede Maaß zu 3 Kr. gerechnet 1120 Maaß, an Geld aber 56 fl., also von zwo Kühen *) 112 fl

Von zwo Kühen 2 Kälber, jedes, nachdem es 4 Wochen gesogen hat zu 4 fl gerechnet 8 fl

Nutzung

*) In der besten Melkzeit giebt eine gutartige im Stalle gefütterte Kuh, deren Ankauf aber freilich mehr als 20. fl. beträgt, bey gutem Klee, Schrot, Leim, Kuchen ꝛc. täglich 48. bis 52. Pfund Milch, im Durchschnitt aber — 18. Pfund. Da sie nun 12. Wochen trocken stehet, so macht dieses in 280. Tagen 1680. Maaß; berechnet man die Maaß zu 4. Kr.: so beträgt die jährliche Einnahme von einer Kuh . . 112 fl.

Nutzung von zwo Kühen 120 fl

Den Aufwand 94 fl abgezogen, bleibt reiner Gewinn 26 fl

Kommen nun aber Unglücksfälle, und kaum ist ein Jahr ohne diese, so kann nicht nur der reine Gewinn hinwegfallen, es kann kommen, daß würklicher Schaden auch noch hinzukommt.

Wäre es möglich, die Fütterung mit Gewißheit wohlfeiler zu erhalten, auch eine verständige und getreue Magd in Dienste zu bekommen, so wäre zwo oder 3 Kühe im Stalle zu haben, allerdings zu wünschen und zu rathen. Aber wie das, mit Gewißheit wohlfeiler Futter zu gewinnen, zu machen? ist wohl die Frage an mich.

Ich will mich hierauf erklären: durch den Klee und Cartoffelbau ist dieses wohl möglich und durch drey Morgen steinigte Aecker, wenn sie nur trocken Feld haben, den Morgen zu 100. höchstens 150 Gulden erkauft, welches etwa im Durchschnitt 400 fl. betrüge, und die theils mit Klee und Haber, theils mit Cartoffeln besteckt, würde gewiß der Endzweck erreicht. Diese 3 Morgen müssen nach hier angefügter

gefügter Tabelle in 4 gleiche Theile getheilt, und wie angesezt gebauet werden.

Erstes Jahr	Kartoffeln	Klee und Haber.	Einjähriger Klee.	Zweyjähriger Klee.
Zweites Jahr	Klee und Haber	Einjähriger Klee.	Zweyjähriger Klee.	Kartoffeln.
Drittes Jahr	Einjähriger Klee	Zweyjähriger Klee.	Kartoffeln.	Klee und Haber.
Viertes Jahr	Zweyjähriger Klee	Kartoffeln.	Klee und Haber.	Einjähriger Klee.

Aufwand auf diesen Futterbau.

400 fl. zum Ankauf des Feldes Zinß à 5 procent 20 fl

Das zweyjährige Kleefeld herumstürzen zu lassen *) 1 fl 30 kr

Die Cartoffeln bauen zu lassen, wozu die Magd gebraucht würde 5 fl

Den

*) Allerdings vergaß hier der H. V. die nicht zu vermeidenden Unkosten, welche sowohl durch das Herumstürzen, als auch durch das Verbessern der öden Felder verursachet werden: Sie dürften leicht, ist auch das Erdreich nicht steinicht, eben und von Dornen und Büschen rein, 12 bis 15 fl. auf den Morgen — überhaupt also 36 bis 45 fl. betragen.

Den Haber einsäen zu lassen	1 fl
Saamen Haber	1 fl 30 kr

Die Magd säet den Klee; der Haber und Klee wird nur das erste Jahr angekauft, künftig zieht man ihn selbsten.

Herrschaftliche Onera	3 fl
Alles einzuerndten	6 fl
Aufwand	38 fl

Gewinn aus diesem Futterbau.

Aus $\frac{3}{4}$ zweyjährigen Klees, diesen nur zweymal gemähet und dürre gemacht, 4 Wagen, aus $\frac{3}{4}$ Einjährigen Klees, den dreymal gemähet 5 Wagen	42 fl
Grüne Fütterung Haber und Klee	18 fl
Das Stroh des Dungs wegen nicht gerechnet.	
Cartoffeln, das Kraut zur Fütterung	1 fl
Cartoffeln auf $\frac{3}{4}$ Acker 150 Simri, sonderlich wenn darauf englische gebauet werden, das Simri à 10 kr.	25 fl
Gewinn	86 fl

Wenn man nun zu jenem Aufwand von 38 fl noch

2 fl Zinß aus der Auslage zwo Kühe zu kaufen,

10 fl Magdlohn,

20 fl Kost derselben,

2 fl für Salz zu den Kühen hinzurechnet, so ist 72 fl der ganze Aufwand.

Diesen nun von dem Nutzen 120 fl aus den Kühen abgezogen, bleibt reiner Gewinn statt 26 fl — 48 fl.

Dazu kommt noch, daß man nicht nur die nöthige und beste Fütterung Winters und Sommers, sondern noch 26 fl aus Cartoffelkraut und Cartoffeln selbst gewinnt.

Obige 48 fl mit diesen 26 fl machen 74 fl: daher, wenn zwo Kühe das Haushalten, wozu man für 100 fl Milch, Butter und Schmalz bedarf, versehen sollten (woran ich aber sehr zweifle); so hätte man durch ein solches Verfahren bey der Kühhaltung alles mit 26 fl erkauft und 74 fl gewonnen.

Damit will ich doch auch die Gründe meines Zweifels, daß zwo Kühe eine Haushaltung, wozu man jährlich für 120 fl Milch, Butter und Schmalz bedarf, sollten versehen können, durch eine kurze Berechnung hinzuthun.

In 280 Tagen geben zwo Kühe 1120 Maaß Milch à 3 Pfund. Von diesen 1120 Maaßen Milch ziehet man billig für jeden der 280 Täge 1 Maaß zur Küche, so bleiben also nur

nur noch 840 Maaß Milch zum Butter; da man nun 9 Maaß oder 27 Pfund Milch zu einem Pfund Butter nöthig hat, so würde man daraus 93⅓ Pfund Butter erhalten.

Ob man nun mit soviel Butter und Schmalz in einem Haußhalten auslange, überlasse ich eigenem Ermessen.

Es mag nun aber seyn oder auch nicht seyn; kommt die dritte Kuh auch noch hinzu, so wird es, die Anstellung der Kühe so besorgt in dem Gewinn nichts abändern; die 3 Morgen Aecker werden sie ernähren und eine Magd wird die 3, wie die 2, hinlänglich zu pflegen im Stand seyn.

In unterthänigem Respekte will ich schliessen, mich zu allen unterthänigen Diensten empfehlend, ist es mir Gnade zu seyn

Euer Hochwohlgebohrnen Gnaden

unterthäniger Diener,

J. F. Mayer, Pfarrer.

Kupferzell
im Junius 1778.

VIII.

Briefwechsel
mit
Sr. Wohlgebohrn
dem
Churfürstlich-Mainzischen Herrn Hof-Cammerrath
Franzmadhes.

Heiligenstadt
den 5ten May 1779.

Hochehrwürdiger und Hochgelehrter,
Insonders Hochgeehrtester Herr Pfarrer!

Die Pfropfreiser nebst Dero sehr verbindlichen Schreiben habe seiner Zeit zu erhalten die Ehre gehabt. Erstere sind hier in unserm ganzen Land und sogar nach Göttingen ausgetheilt worden.

Nun wünsche ich von Ihnen eine kernichte und nochmal durchgedachte Abhandlung, wie Kopfkraut (weiser Kohl) am besten zu bauen seye *);

Denn

*) Diese folget in dem Lehrbuch der pragmatischen Geschichte im Auszug.

Denn ich glaube, daß wir vortheilhaften Absatz nach Hamburg machen könnten, weil wir der schiffbaren Werra, sofort der Weser nahe gelegen sind.

Uebrigens düngen wir mit Märgel, hie und da mit Kalch; seit 20. Jahren bauet man im Ober-Eichsfelde mit grossem Vortheile den Esparsett, der dreyblätterige Klee ist auch nicht unbekannt, allein der Lucerner ist noch wenig eingeführt, und könnte in unserm fetten Unter-Eichsfelde mit Nutzen gebauet werden. Mein Antrag ist gestern vom Cabinet genehmigt worden, um auf dem Churfürstlichen Eigenthum auf dem Unter-Eichsfelde solche Anlagen zu machen.

Tabak wird in Duderstadt in grosser Menge gebauet; allein von Anis, Schwarzkümmel, Weid, Saflor, Foenum gräcum wissen wir nichts, und ich glaube auch nicht, daß, weil alles dieses in Thüringen besser gebauet wird, wir damit reussiren würden. Ich bin auf die Gedanken gerathen, da der Lucerner Klee so schwer trocken zu machen ist, ob man nicht wohl thäte, wenn man solchen, wenigstens den Herbst über, in grossen Kufen entweder mit Sauerteig oder mit Salz einmachen, und somit dem Vieh verfüttern würde. Allein da ich keine Erfahrung damit gemacht, so getraue ich mich nicht, mit diesen Gedanken hervor zu rücken. Ich habe immer das Salz, welches man hierzu angewendet, nicht für verlohren geschätzet.

Man könnte auch ein leichteres Gährungsmittel gebrauchen. Doch wollen mich Weiber versichern, daß, wenn sie mit Sauerkraut ihre Kühe füttern, sie eine wirkliche Abnahm an der Milch spühren. Es müßte also fürs Mastvieh seyn.

Die Wiesenwässerung ist bey uns noch ein roher Artickel. Mit Dur. wird bey uns nicht, wohl aber in unserer Nachbarschaft gedünget.

Unsere Bauren sind sehr fleisig und dabey im Ober-Eichsfelde meistens Kaschmacher

Wir zählen 4. Städte, 3 grosse Marktflecken, und 156. Dörfer. Diese Provinz ist die einzige im Mainzer Lande, welche ihre Landstände hat.

An Waldung fehlt es nicht, jedoch fehlt es an Nadel- und Bauholz, wir müssen meistens mit Eschen und Buchen bauen.

Der Flachsbau ist sehr ergiebig. Und es ist der Flachs, Taback und der Kasch der einzige Artickel, wofür wir Geld ins Land bekommen; dagegen für alle übrige Artickel, sie mögen Namen haben, wie sie wollen, das Geld auser Land geht. Und noch überdieß, was wir jährlich auf Mainz schicken, ist für uns auf ewig verlohren. Wir sind mithin an Gelde sehr arm.

Endlich da unsere Einwohner sehr fleissige Leute sind, so hielt ich kein Land geschickter zum Seidenbau, als das unsrige.

Unter den unzählichen Abhandlungen, welche über diesen Artickel herausgekommen, wünschte ich keine theoretische, sondern practische für den Landmann verständliche Anleitung. Zwetschgen und Kirschen finden sich in grosser Menge bey uns. Es ist also ein starkes Landes-Product, könnte aber doch immer noch vermehret werden.

Von dem Branteweinbrennen aus Zwetschgen wissen wir nichts. Auch hier haben Sie Stoff, mir einen practischen Unterricht beyzutragen. Wir werden dieses Jahr ein ungemeines Obstjahr haben.

Was halten Sie von dem Kürbsenbau? Ich habe hierüber einen besondern Einfall. Wir haben hier verschiedene nackende Berge gegen Mittag, und da dächte ich, daß die Kürbsenpflanzung schicklich wäre, wenn man etwa alle anderthalb Ruthen einen Schanzkorb anbrächte, mit guter Misterde füllte, und die Kürbsen darein pflanzte. Ein solcher Acker wäre leicht zu bauen, leicht zu düngen, leicht zu bearbeiten. Denn zu einem Acker dürften 80. Schanzkörbe hinlänglich seyn. In der Pfalz weiß, daß man die Kürbsen hochschätzet. Verzeihen Sie meiner Weitschweifigkeit.

Ich bleibe in der alten Hochachtung

Euer Hochwohlehrwürden

gehorsamer Diener,

Franzmadhes.

Wohlgebohrner,

Insonders Hochgeehrtester Herr Hof-Cammerrath!

Euer Wohlgebohrn Ausdruck: wir düngen mit Mergel, steht mir nicht ganz zu Gesichte. — Ich kenne die vortrefliche Güte des Mergels so so gut als nur jemand. Wir brauchen ihn als eine zu schwere Erde, durch den wir einen zu leichten Boden auf unsern Aeckern die nöthige, abgemessene und erwünschte Schwere verschaffen, wir erhalten so von dem Acker wohl drey, viermal mehr Getraide. Das Dungen mit Kalch ist in mehrerern Gegenden bekannt, und schon von langem her eine ganz gewohnte Sache. Ich selbst habe es versucht, und meine Wiese zeigte davon eine schöne Wirkung, die ich drey Jahre lang verspührte; wir können uns aber wegen der Theurung des Kalchs, (der Centner hat bey uns den Preis von 15 Kr.), dazu nie entschliessen, und unsere Bauern werden ihn wohl niemahlen annehmen!- zumahlen jezt nicht mehr, nachdem sie den Gyps in ungeheurer Menge im Lande, und zwar von uns nur ¾ Stunden entlegen, haben können.

Aus dem guten Fortkommen der Esparsette oder des türkischen Klees, schließe ich, daß das Eichsfeld viel schweres Feld hat, dann im leichten Felde kommt er nicht fort, und dauert gar nicht lange an *). Ohnstrittig ist diese

*) Ich wiederhole hier alles das bishero Gesagte. Schweres und leichtes Feld ist zum

Kleeart unter allen die beste; Schade! daß sie das nicht auch ist in Absicht auf ihren Wuchs. Ihr Aufwuchs ist das erstemal im Frühling vortreflich, und schöner, als der Wuchs aller übrigen Kleearten; ist sie aber das erstemal abgemähet, so wächst sie alsdann in dem nemlichen Sommer niemalen mehr hoch, noch in fetten Stengeln auf *); demohngeachtet verdient sie doch wegen erstern Eigenschaften den Anbau allerdings; grün und gedörrt bleibt sie allemal die vorzüglichste Fütterung.

Nach dem Maase unserer wenigen schweren Felder haben wir sie hier auch; aber weit häufiger den rothen dreyblätterigen Klee, den wir auf Feldern und Aeckern von allerley Boden beständig hin, doch auch nicht in solcher Menge, als in andern Ländern, anbauen.

Warum dieß? — weil unser Land sehr landwirthschaftlich mit Wiesen durchlegt ist, so, daß wir also des Kleebaues nicht bedürfen, wenn nicht

Anbau des Esparsets unter den angezeigten Umständen geschickt.

*) In gutem Erdreich von 40, 50 Procenten, und bey alljährlicher Dungung mit Hallbötzig, Asche ꝛc. ist das Wachsthum dieser Kleeart sehr erwünscht.

nicht jezt wohl noch einmal so viel Vieh im Lande erhalten würde, als vor 20 Jahren erhalten werden konnte.

Wir haben so viele Wiesen, daß man allemal zu 21 Morgen Aeckern 7, 8, 9, 10 Morgen aufweisen kan *), und diese Proportion halten unsere Bauern bey ihren Höfen vor die beste; dabey säet nun doch jeder einen auch zwey Morgen jährlich mit dreyblätterigen Klee an; der Gyps hat nun die schlechtesten, trockensten Wiesen in die besten verwandelt. Was kan also unsern Bauern noch fehlen, da sie die dürre

Füt-

*) Ob es landwirhschaftlich seye, eine so grosse Anzahl natürlicher Wiesen zu haben, daran zweifle ich. Meine Gründe hierzu sind diese: 1) durch den Ueberfluß an Wiesen, also an Futter, wird die Benutzung der Brache unterlassen. Eine Wahrheit, die auf der Kupferzeller Ebene sich erprobet hat, dann hier wird die Brache nur sehr selten angebauet. 2) Es gehet der Ertrag eines dritten Theils der Felder sowohl dem Landesherrn als dem Bauern verlohren. 3) Das Capital, welches zu einem Bauernhof erforderlich ist, wird ohne Noth vergrössert, und 4) das erhaltene Futter ist von minderer Güte, als das auf künstlichen Wiesen erbaute.

Fütterung für das schicklichste Futter bey der Viehmastung ansehen? —

Der Luzerner- oder ewige Klee hat auch seine eigene Vorzüge; er kommt bald und oft, wächst hoch auf, hält lange an, bedarf eben keines sonderlich guten Landes; wann es nur trocken ist, so ist es für ihn schon erwünscht.

Ich sehe nicht ein, warum ihme also Euer Wohlgebohrn in dem fettern untern Eichsfelde fettere Gegenden aussuchen. Ich versichere, überall da, wo trocken Feld ist, wachsen alle drey Kleesorten *); wann nur das Feld nicht zu leicht ist, so wachsen auch da Esparsette und Lucerner, der rothe dreyblätterige wächst ohnehin allenthalben; wird diesen drey Sorten Gyps gegeben **), so werden und können sie nicht versagen.

Bey uns wird der Klee schlechtweg gedörrt, und eben deßwegen, weil er, wo man nicht anhaltenden heissen Sonnenschein hat, schwer zu dörren

*) Je fetter das Erdreich, desto erwünschter ist es zum Kleebau, im magern Lande ist der Ertrag desselben, wenn er anders, wie es sehr oft geschiehet, nicht ganz versaget, mithin zum Schaden ausfällt, sehr geringe.

**) Und ich setze hinzu: Kalk und Haalbötzig, oder Mergel und Haalbötzig.

dörren ist, so hat man auf allerley Dörrungsarten gesonnen. Die gewöhnlichste habe ich bar in meinen Beyträgen angegeben.

Der Gedanke, die Krautblätter und den Klee in Küsten einzusalzen, ist, was den Klee anbelangt, neu, aber wohl nicht practikabel; der Arbeit würde nicht nur zu viel werden, sondern es würde auch so eine Fütterung nicht gut anschlagen. Wird auch der Klee bey der dritten Heuung noch so lange liegen, bis er abdorrte, so mag er doch ohne Schaden so liegen; dorrte er auch nicht recht ab, würde er schwärzlich, schimmelte er sogar in der Scheune etwas, so schadete er doch nichts. Wird er, wie bey uns, auf der Hobelbank kurz geschnitten, dann etwas gesiebt, so fällt aller Unrath und Schimmel hinweg, und das Vieh frißt ihn lustig ohne allen Schaden.

Wald, Saflor, Foenum graecum, Kümmel wird auch bey uns nicht erbauet. Nach einer Beschreibung eines Augenzeugen, der den Kümmelbau bey Halle in Sachsen selbst ansah, deucht mich, daß dieser aller Aufmerksamkeit werth sey.

Dorten

Dorten säet man den Kümmel in die Gartenbeete, wenn das Wintergetraide vom Felde ist, wird es gestürzt, man zieht die Kümmelwurzeln aus und setzt sie auf die Fluren, jede von der andern Spannweit ein, folgenden Sommer um Johanni des Täufers hat man die reichste Erndte und das Feld kan nun wieder zur Wintersaat zubereitet werden.

Der Tabakbau bleibt so lange, als der Krieg der Engeländer mit ihren Colonien andauert, gewißlich sehr einträglich; der Centner, welcher sonst am Rhein mit 3 bis 5 fl. verkauft wurde, wurde seit dem Kriege vor 12 bis 15 und mehr Gulden verkauft.

Ich gehe nun zu dem Artikel der im Eichsfelde nicht bekannten Wiesenwässerung über.

Man hat die Wiesenwässerung heutiges Tages vielweniger nöthig, als in den vorigen Zeiten. Vormals wußte man hohe, dürre Wiesen ohne Wässerung gar nicht zu benutzen, die feuchtern hatten den Vorzug; nunmehr aber hat man bey uns die dürresten Plätze am liebsten und läßt deßwegen sorgfältig alle Feuchtigkeiten aus niedern Wiesen mit vieler Mühe ab. Diesen abgeänderten Gedanken wirkt bey uns der Gyps,

mit

mit dem man die trocknen Wiesen zum allereddelsten Graswuchs erhebt. Bey allem dem verwerfe ich die Wässerungen, wann sie aus dem rechten Orte geleitet werden, nicht.

Ist der Ort eine Viehschwemme, ein stehender See oder Teich, so, daß das Wasser fette und dabey warm ist, und man hat Gelegenheit, dasselbe auf Wiesen zu verströhmen, so hat man alles, was die Wiese zum einträglichsten Gut machet.

So sehr dergleichen Wässerungen zu wünschen sind, so sehr muß der Landmann die sitzenden Feuchtigkeiten aus seinen Wiesen durch Ablaufgräben hinwegweisen; sumpfartige Feuchtigkeiten verursachen, daß die besten Grasarten auswurzeln und nur leichter Schiem und Schmellen aufwachsen.

Mich wundert, da ich auf der Charte so gar viele Berge im Eichsfelde entdecke, daß man den Dux oder den Gyps daselbst noch nicht als eine der besten Düngung auf trocknen hohen Feldern angenommen hat; dürfte ich da rathen, so empfähle ich diese beeden Dungsarten recht sehr. —

Ihre

Ihre Bauren sind sehr fleisig, und dabey im Ober-Eichsfelde meistentheils Raschmacher, unsere Bauren sind Weber.

Kleine Arbeiten sollen ihre Landleute beschäftigen, und Sie fragen was für welche? –

Theuerster! nicht kleine Arbeiten, — die dem Eichsfelde nöthigste Arbeiten! — Ich sehe aus allem: Ackerbau und Viehzucht sind bey Ihnen lange noch nicht, wie sie seyn sollen.

Sie fragen vielleicht: zu was kleine Arbeiten soll der Bauer seine Zeiten, worin er seine Berufsgeschäfte nicht thun kann, oder davon befreyt ist, verwenden? steht die Frage so, so sage ich darauf nochmal: daß unsere Bauren alle Weber sind, und daß sie alle das Schnitzeln verstehen; nach vollendeter Baurenarbeit schnitzt jeder sein kleines Baurengeräthe auf den Sommer vor: sie machen Rechen, Egzähne, Hauenstiehle, Pflöcke, sie binden Besen, sie flechten Körbe, und thun noch anderes, so in ihr Baurenwesen einschlägt; viele Ausgaben werden so erspahrt, und ich wollte, daß alle Baurenknechte auch das Spinnen erlernten; so: ists in Tyrol, so in einigen Gegenden Schwabens.

Wenn

Wenn die Landwirthschaft in guten und frühen Flor gebracht werden soll, so müssen viele Wiesen angelegt werden; durch den Klee, bau ist das in zwey, drey Jahren vollkommen möglich, die Waidgänge müssen abgeschaft, die Waiden zu Wiesen und Aeckern angelegt, die Stallfütterung muß eingeführt, der Mist sorgsam gesammlet, den Schäfereyen muß Ziel und Maaß gegeben, das Wildpret, Hirsche, sonderlich die wilden Schweine müssen niedergeschossen werden; geschieht dieß, so kommt das Land bald und früh in die beste Cultur. In dem Chur-Mainzischen Ober-Amt Krautheim, so nicht weit von uns abliegt, ist eine herrschaftliche Schäferey von 1500. Stücken aufgehoben worden, und vier Ortschaften, unter die sie vertheilt ist, zahlen den vormahligen jährlichen Pacht mit 1200. fl. Die Ausrede: der Erdboden ist zur bessern Cultur nichts! — ist schlechtweg ohne Grund; es ist keine Gattung Erdbodens, der nicht durch den Mist und die Bearbeitung dazu gut würde; Im Darmstädtischen zwingt man jetzt den elendesten Flugsand, der von jeher wüste lag, zu den herrlichsten Wiesen, zu den tragbarsten Aeckern; dieß kann ja wohl anderstwo auch seyn und geschehen! Der Gyps auf Klee und Saubohnen in den Flugsand gesäet, zeugt Klee und Saubohnen zum Wunder für einen jeden. Zu leichtes, zu schweres Feld, ist durch die Mischung beedes bald umgeschaffen; Sumpfland ist ja bald ausgetrocknet, und nachher mit Gyps bestreut, oder mit Mist überführt, das beste zu Aeckern und Wiesen.

Auf den Bergen grünt ja der Esparset und der Lucerner-Klee aufs beste. Wann man will, kann man alles. Meine aus Parma erhaltene Kleeart: Sulla, hat nicht reussirt; ein wahrer Schade für Deutschland, so für dieselbe zu kalt ist.

Vom Seidenbau kann ich Ihnen weniges und viel sagen. Vor allem soviel: Ich weiß mehrere Liebhaber des Seidenbaues, die ihn im grossen anfiengen, und dabey in kurzem banquerot wurden, ihn also wiederum früh aufgaben. Alsdann dieß: Ich habe in der Pfalz, wohin ich vor einigen Jahren gerufen wurde, in einem Dorfe nicht fern von Schwezingen die Maulbeerbäume im schönsten Wuchse, und schon in der Abgabe gesehen, daß Leuthe daselbst versicherten, daß ihnen zwölfe ihrer Bäume weit mehr eintrügen, als ein Morgen des

aller-

allerbesten Getraide-Landes, sie auch alle Stunden bereit wären, für so viele Bäume einen Morgen Ackers zu geben.

Ich habe den Ober-Aufseher der ganzen Plantage gesprochen, der mir sagte, daß in der Pfalz nun damals schon über 80000. Bäume im Aufwuchse versezt, und theils schon im Flor wären; wie ich deren selbst eine ungeheure Menge auf oder neben den Wegen und Chausseen gesehen habe.

So, wie sie da theils im Sande stehen, so fande ich auch eine Gesellschaft in Wirzburg, die auf ein Feld, so Sand ist, bey 18000. Bäume ausgesezt hat.

Der Seidenbau erfordert ziemlich grosse Auslage — lange Zeit — viele Mühe — Unterricht.

Hat man hiezu alles: — Gedult genug, so kann der Seidenbau durchaus in Deutschland gelingen; der Maulbeerbaum ist so zärtlich nicht, — er liebt die Höhe, und wächst da sicherer — als in einem Thal — wo es Tags sehr warm, — Nachts aber neblicht und kalt ist. — Man muß ihn ansäen — versetzen — drey, vier Jahre bis auf den Boden abschneiden, — gleich aufwachsen lassen, — eine

eine schöne Krone, sobald er etwas über Manns hoch ist, schneiden. — Wird er mit vergohrner Gassen- oder Schlammerde beschüttet, so ist er bald da. — Stehen einst die Bäume auf dem Lande, so gleichsam res nullius ist, so wäre die Seidenzucht eine Sache für die Bettelleuthe und Juden, sie damit zu beschäftigen, zu ernähren, und sie dem Staate zu nützlichen Gliedern zu formen.

Zwetschgen und Kirschen in grosser Menge! — im Eichsfelde, und doch da, wo so viel Brantwein consumirt wird, nichts vom Brantweinbrennen aus Zwetschgen, vielleicht auch aus Kirschen nichts wissen, ist mir fast eine unbegreifliche Sache! —

Der Brantwein aus Zwetschgen ist einer von den allerbesten Brantweinen, der im Weinlande so hoch als dieser selbst geschätzt wird, und weil die Zwetschgen auch so vielen Geist haben, so hält man dasselbe Brantweinbrennen aus ihnen vor einträglicher, als das Dörren derselben; zumal jetzt, da man aus ihnen erstlich einen trinkbaren Most oder Wein machet, sodann erst die Massa zum Brantweinbrennen

braucht,

braucht, und sie dann erst den Schweinen zu einem guten Gefräse vorschüttet.

Der Brantwein aus Kirschen hat wohl nicht seines gleichen. Ich weiß Ihnen zu sagen, daß in der Gegend am Bodensee, in dem Montfortischen bey Langenergen, in einem kleinen District, aus Kirschenwasser und Kirschengeist jährlich vor 20000. Thaler auswärts verkauft wird.

Ich sage Ihnen das Verfahren bey dem Brantweinbrennen aus Zwetschgen:

Alle und jede Zwetschgen: sie seyen grün, bläulich, wurmig, zeitig und überzeitig, geben Brandwein. Der Eymer von zeitigen (ein Eymer hat 24. Maas, die Maas hält 2½ Nürnberger Pfund an Wasser) gibt 2. Maase; die grünen, die entweder noch ganz grün sind, oder erst beginnen bläulich werden zu wollen, geben schlechtern, und zwar der Eymer voll kaum 1. Maas Brandwein.

Wenn die Zwetschgen abfallen oder abgenommen werden, so werden sie in ein Faß, so wie sie sind, zusammen geworfen, das Gefäß wird wohl zugemacht und verwahrt. So stehen sie 5. 6. Wochen, und dann werden sie,

 ohne

ohne viele Aufsicht, indem sie nicht leicht verbrennen, gebrannt.

Will man von den Zwetschgen, die wohl gezeitiget sind, (je gezeitigter oder reifer, je besser) vorher einen angenehmen hellen rothen Wein trinken, so werden sie in ein innwendig neues Faß geworfen, wozu etwas weniges Weinbrandwein geschüttet wird, und noch auf den Eymer ein paar Maas Wasser gegossen werden, und dann zugespendet, nach Verlauf etlicher Wochen sticht man das Faß an, trinkt nach und nach den Wein ab, und brennt hierauf die Massa, von der man noch die Hälfte, was sonst ohne dieß die Zwetschgen gegeben hätten, des besten Brandweins erhält.

Die Birn vorher, ehe sie zur Gährung eingefüllt werden, zerquetscht, geben auch ganz guten Brantwein; aber nur halb so viel als die Zwetschgen.

Von den Aepfeln erhält man weit weniger, es ist daher nicht rathsam, sie hierauf zu verwenden.

Die Schleen geben auch guten Brantwein, aber nur halb so viel als die Zwetschgen.

Der

Der Brantwein von Hüften, das ist, die rothe Frucht von wilden Heckenrosen, vom Hagedorn, geben den allerlieblichsten, wohl aber nicht viel; um andern Brantwein recht lieblich zu machen, pflegt man diese Frucht den Birn, den Zwetschgen, den Schleen beyzugeben, und brennt sie mit diesem.

Die Kirschen, wo sie zu Kirschengeist oder Brantwein gebrannt werden sollen, werden behandelt wie die Zwetschgen; nur aber müssen sie, ehe sie zum Gähren angesetzt werden, so zerquetscht werden, daß ihre Steine zerbrechen.

Der Kürbsenbau: -- dieser scheint ihnen wichtig? so schien er mir auch; Ich bauete sehr viele, manche zu 50. 60. Pfunden; grosse also; — doch nicht so groß, als die, die hieraußen ein Gärtner an der grossen Linden erzog, er erzog sie zwey Jahre hintereinander bis zu 300, ja über 300 Pfund schwer.

Ich wollte mit den meinigen bey meinen Kühen und Schweinen grosse Dinge ausrichten die Kühe frassen sie roh zerschnitten ganz gerne, aber ihre Milch nahm gar bald ab; für die Schweine ließ ich sie im Kessel kochen; allein mein Kessel wollte, so viel ich auch nach und nach hineinwarf, dennoch nie voll werden;

sie kochten allemal, so viel ich auch zuwarf, so ein, daß er immer wieder halb leer wurde. Wenn ich bey dem vorseyenden Anbau der Hänge der Berge zu rathen hätte, so riethe ich den Esparsetbau schlechtweg, durchaus und überall an. Beym Esparsetbau ist noch leichter gearbeitet, leichter gebauet, leichter gedungt, man hat die substantiöseste Fütterung, in grosser Menge, und die gewiß! der Gyps und der Dux thun da alles, und so ein Feld braucht in 30 Jahren keine neue, wiederholte Bearbeitung *).

So viel also auf diesmal, befehlen Sie weiter! Ich bin von Herzen

Euer Wohlgebohrn

gehorsamster treuer Diener
J. F. Mayer

Kupferzell
den 31. May 1779.

*) Wenn das Erdreich in der Tiefe reich an auflösbaren Erdarten ist: auser diesem gehet derselbe noch vor dem 10ten Jahr aus.

IX. Brief.

IX.

Briefwechsel
mit
Sr. Hochwürden und Wohlgebohrn
Herrn Canonicus und Cammerrath bey Sr. Königl. Hoheit dem Prinzen Heinrich von Preussen

Herrn Wöllner.

Liebster Freund!

Verzeihen Sie es doch, daß ich mit der Einlage auch Ihnen beschwerlich falle, und Sie gehorsamst ersuche, dies Experiment nachzumachen. -- Der berühmte Franz Home in England hat hievon eine Stelle in seiner vortreflichen Schrift: Grundsätze des Ackerbaues rc. und ich habe den Versuch in seinem Erfolg ganz auserordentlich gefunden. Ich sende dies Blatt fast in allen Gegenden von Teutschland herum, um eine vielfältige Erfahrung zu machen, welche ich zum Beweis meines Lehrsatzes nöthig habe.

Die magnetische Kraft der Erde; die fruchtbarmachende Theilchen aus der Luft anzuziehen wird offenbar vermehrt, je nachdem man dem

Mechanismus der Luft Gelegenheit verschaft, in selbige zu wirken.

Diese Theorie wünschte ich sehr durch starke auffallende Beweise a posteriori beståttiget zu sehen. Ich verharre

Dero

treuergebenster Diener
Wöllner.

Berlin
den 23. Oct. 1777.

Werthester Herr,
Gönner und Freund!

Ihren Versuch, zur Düngung des Ackers ohne Dünger, habe ich kaum erhalten, als ich sogleich ein Stück umbrechen und es so aufwerfen ließ, als Sie wollten. Ich habe auch gleich darauf solchen der Stutgarder Zeitung rc. einverleiben lassen, um aufs folgende Jahr recht viele Proben bekannt machen zu lassen.

Fehlen oder mißlingen wird der Versuch nicht. Wenn man vom Aehnlichen aufs Aehnliche zu schliessen ein Recht hat; so hat man Aehn-

Aehnliches genug, aus dem man so zu schliessen vermag.

Wenn auf einem Felde, welches im geringen Grade der Luft offen hingelegt wird, die Erde in ihrer Fruchtbarkeit unläugbar zunimmt; so muß das Feld, welches im grösern Grade der Witterung und der Luft aufgedeckt wird, Luftsalze und Oehle *) anziehen, und die Grade ihrer Fruchtbarkeit müssen sich um vieles vermehren. Ist und wäre das erste erwiesen; so wäre wohl das zweyte nicht zu bezweifen. Ich denke Ihnen nun aber jenes dadurch als erwiesen zu erklären, daß ich Erfahrungen angebe:

Warum wird die Wiese, die einige Jahre unbedungt liegt, alle Jahre mehr in ihrer Fruchtbarkeit abnehmen? und, wenn sie umgebrochen wird, die besten Früchte unbedungt, und dann darauf mit Klee beseet ohne allen Mist den schönsten Klee in einer langen Reihe von Jahren, und so immer abgewechselt den besten Wuchs aller Gewächse gewähren **).

Man

*) Wenn solche vorhanden sind!

**) Wenn eine Wiese herumgebrochen wird, so werden erstlich diejenigen Erdarten, welche

Man kann dieses einer andern Ursache als die-
sei, daß die Lufttheilchen beym Aufreissen sich

einmi-

che von den Wurzeln der Gewächse nicht erreicht werden konnten, hervorgebracht; *zweytens*: die gröberen Erdtheilchen und Steinchen, welche in diesem Zustande nicht wirken, d. i. nicht aufgelöset werden konnten, zu Tage gefördert, dadurch also zur Verwitterung fähig gemacht, und *drittens*: die in dem Erdreich befindlichen Wurzeln und Fasern, welche aus brauchbaren nützlichen Erd- und Salzarten bestehen, durch die Verwesung in Erde und Salz zerleget. (Das in mehreren Ländern übliche Dungen der Felder durch Rasen, welcher auf Haufen gesetzet und verbrannt wird, bestätiget diese meine Erklärung; denn hier gehet Oehl und Pflanzensäure in die Lüfte — zerlegt in Wasser, Feuerstoff und Erde, und nur die feuerfesten Salze und die Erden bleiben zurück.) Eine dergleichen Wiese also muß und wird in den ersteren Jahren sich fruchtbar zeigen, und dieß vorzüglich dann, wenn man solche Gewächse auf ihr erbauet, deren Bedürfnisse den in den Wurzeln befindlichen Bestandtheilen entsprechend sind. Daß aber eine dergleichen Wiese eine *lange* Reihe von Jahren — so umgewechselt ohne Dung den besten Wuchs

aller

einmischen, nicht zuschreiben. Das allerschlechteste Feld, der elendeste Lettengrund, blauer, brauner, gelber, schwarzer, so zähe und wässericht, daß auf ihm kein gutes Halm Gras wächset, aufgerissen, und über Winters der Luft blos hingelegt, trägt schon die fettesten Früchte, so fort ein paar Jahre bearbeitet, verwandelt er sich in den schätzbarsten Boden, und ganz ohne Dung *).

Unsre

aller Gewächse gewähret, dieß gehet eben so sehr wider die Erfahrung als alle physische Begriffe. Ohne Dung dauret die Fruchtbarkeit einer zuvor heruntergekommenen Wiese, es seye dann, daß das Erdreich rejolet und die heraufgebrachte Erde reich an auflösbaren Erdarten war, nie länger als 2. 3. Jahre.

*) Auch hier seye es mir erlaubt ein Wort zu reden: Ich sagte bereits in einer Anmerkung, daß meiner Untersuchung zufolge nur weniger Letten frey von Kalk- und Bittererde seye; ja: daß es sogar Letten gebe, welcher 25. auch mehrere Procente dieser Erdarten besässe und diesem ohngeachtet so zähe als der reineste seye. — Würde dahero ein sonst unfruchtbarer Lettengrund durch das, daß er über Winters gelegen hatte und dann wohl bearbeitet wurde, fruchtbar gemacht, so mußte er noth-

wen-

Unsre Bauren sind nicht gewohnt, ihr Feld, so künftigen Sommer mit Hafer besäet werden soll, vor Winters zu stürzen — doch stürzen sie dasjenige noch vor Winters, auf welches sie kommenden Frühling Gerste oder sonst eine eines bessern Ackerfeldes bedürfende Fruchtsorten aufzusäen gedenken. Diese Arbeit gelingt ihnen, und woher anders, als dadurch, daß sich Winters hindurch mit dem Feld mehrere Luftsalze mischen.

So hat man Gegenden, auf denen das Ackerfeld Sand ist. Sobald die Winterfrucht abgenommen ist, wird dieses zum Haferbau, welcher ohne dieses immer versaget, vor Winters gestürzt, und der alsdann darauf wachsende Hafer übertrift den unsrigen an Schwere bey weitem *).

Durch

wendig dergleichen auflösbare Erdarten besitzen, und die Verbesserung rührte dann einzig und allein davon her, daß durch den Frost und Bau die Zähigkeit, wodurch zuvor der Same, weil das Erdreich nie austrocknen konnte, nothwendig zum Faulen gebracht werden mußte, vermindert wurde.

*) Daß die Luftsalze: die nicht existirenden Dinge der Oekonomen hier eben so wenig die verstärkte

Durch das Aufreisen des Feldes, wodurch die Erde der Luft bloß lieget, wird ihr die Freyheit gegeben, die fruchtbaren Theilchen zu erhalten; sie streichen über die Erde hin, und hängen sich an sie nach und nach an.

Setze ich nun also, daß man den Erdgrund erhöhet und aufschlägt, daß die Luft nicht nur über ihn hinstreichet, sondern auch von oben rechts und links auf ihn anstösset, so müssen sie demselben nothwendig mehrere Luftsalze und Oehle insinuiren.

Ich weiß, daß die Bauern um ihre Häuser und Scheunen Wälle aus Gassenkoth oder anderer schlechter ganz unfruchtbarer Erde aufführen.

stärkte Fruchtbarkeit bewirkten als auf schwerem Felde, beweiset neben den vielen andern bereits angeführten Gründen, dieser: daß 1) unter diesen Sandfeldern stets eine so grosse verschiedene Fruchtbarkeit herrschet, und 2) daß nicht alles Sandland ohne Zusatz, wie dieß leider mehr als zu bekannt ist, fruchtbar gemacht werden kann, da doch der Sand die schwereste Erdart beym Feldbau ist: eine Erdart, welche die Feuchtigkeit mehr als irgend eine Erdenmischung aufnimmt und auch bey sich behält. Eine kleine Probe mit Sandhaufen wird alles das, was ich angab, bestätigen.

führen. Diese nehmen sie nach 2. 3. Jahren wieder weg, führen sie auf die Aecker, und haben davon mehr dungreiches als vom Mist ihres Viehes *). — Was schwängert diese Wälle anders, als die Luft?

Haben Sie also werthester Bester! nur gut Herz, Ihr glücklicher Versuch kann bey uns ohnmöglich anders ausfallen, als er unter

Ihren

*) Schlamm- und Gassenerde, die unter dem Nahmen: Schorerde mehr bekannt ist, darf wohl nicht unter die schlechtesten Erdarten gezählet werden: Nicht selten, — und dieß mehr häufig als nicht, verdienen sie den Rang unter den ersten. Das 2. 3. jährige Aufsetzen derselben ist vergebliche Arbeit, und einige Monate würden die allenfals vorhandenen unverfaulten Körper hinreichend zerlegen. Ist ein Nutzen allenfals durch die Erzeugung der Salpetersäure — welche aber die Natur, wenn die erforderlichen Erdarten vorhanden sind, leicht und ohne alle Mühe bildet, zu erwarten, oder aber ist in Ansehung der Witterung, der gröberen Erdarten ein Vortheil zu erreichen, so müssen diese also aufgeworfene Wälle, sowohl fleisig mit Mistlache begossen, als auch die Haufen selbst von Zeit zu Zeit umstochen, und wo möglich mit einem Dache versehen werden.

Ihren arbeitsamen Händen schon ausgefallen ist.

Da ich eben von meinem bisherigen Gegenstand abzugehen dachte, so fällt mir noch was passendes bey. — Schon von vielen Jahren her lasse ich alle Herbste (warum? — weil es meine Mutter eben so machte) meine Gartenbeete, welche durchaus zu 5. 6. Schuhen breit sind, durch die Spate so hoch als man nur kann, aufwerfen. So blieb jedes, Winters hindurch unberührt liegen; im Frühling wurde er auseinander gethan, und zum Anbau bereitet. Ich sah öfters, wenn ich des Mists nicht genug hatte, alle meine Gärten und Wiesen dungen zu können (denn auf meinen Baumgarten, der über 1600. Bäume hat, verwende ich alles), daß mein auch ein, zwey Jahre nicht gedungter Gemüsegarten die Fruchtbarkeit, die er ein Mahl hatte, keiner Linien breit versagte *). Und nun falle ich durch ihren

*) Ein in der Dungung wohl erhaltener Garten, kann nicht nur zwey, nein: auch mehrere Jahre ohne allen Zusatz, blos gehörig gebaut, fruchtbar erhalten werden. Die Aecker, welche gröstentheils nur alle 4. Jahre

ihren ersten Versuch, erst auf die Ursache, warum?

Nur Eins hätte ich auf Ihren Vorschlag, Werthester! zu sagen. Ich begreife fast nicht, wie ihn der Bauer im Grosen zu nutzen im Stand ist. Das ist wohl wahr — bearbeitet er nur allezeit so etliche, nur ein paar Morgen, und ersparet darauf seinen Dünger, so kann er das andre Ackerfeld desto reichlicher zu fruchtbarerm Ackerbau düngen. So glaube ich gehet die Sache doch auch noch an.

Leben Sie wohl. Von ganzem Herzen

Ihr

gehorsamst treuester Diener

J. F. Mayer.

Kupferzell

den 21. Januar 1778.

Hochwürdiger Wohlgebohrner Herr, Bester Gönner und Freund!

Die Erndte ist nun vorbey, das Getraide ist zu Hause, gedroschen, gemessen, und ich bin

re gedunget werden, und so lange auch in der Fruchtbarkeit anhalten, erklären eine dergleichen Erscheinung leichtlich.

bin also im Stande, Euer über meinen Versuch Rechenschaft zu geben, zu sagen, welchen Effect ich bey dem Ackerfelde, so ich voriges Jahr in Wälle aufschlagen, sie so Sommers durch liegen, im Herbst aber einsäen liesse, bemerkt habe.

Ich sahe, den Versuch hier zu wiederholen, einen Acker aus, der gemischten, doch mehr schweren als leichten Boden aufhatte. Er ist in Absicht auf Trockne und Feuchtigkeit von guter Beschaffenheit. Seine Lage ist gut mitten auf ebenem Felde gelegen, ist weder von Büschen, Hecken, noch Bäumen beschattet. Er ist von jeher Acker gewesen, unter der Hand eines fleißigen, verständigen Bauers wohl gehalten und gepflegt.

Als 1777. der Hafer abgenommen war, wurde er den 12ten November gestürzt, und zwar 4. Zoll tief umgebrochen, den 13ten dieses Monaths wurden 3. Beeten bey trockener Witterung in Form eines Grabes, so, daß die mittlere Höhe des Grabes eine und eine Viertel Elle erreichte, der Länge nach von Osten gegen Westen aufgeworfen.

Ich hatte Fürsorge, daß diese Aufwürfe unberührt liegen blieben; die Schaaf- und Schweinhirten hielten ihr Vieh dorten sorgsam beständig Einweg.

Bald nach dem Aufwerfen erfolgte Regenwetter, welches bis Ende Novembers auch anhielt, hierauf kam Frost, sodann hatten wir von der Mitte des Decembers bis in die Mitte Januars Schnee. Hierauf etwas Regen, vom 24ten Januar an aber schönes, helles Wetter, und das bis zu dem 10ten Februar, diesem folgte Frost ohne Schnee, den 20ten fiel Schnee, der aber den 23ten schon wiederum abgieng, und zwar nach und nach, daß er also gemächlich in den Boden einschmelzte. Nun kam schon ziemlich das schönste Frühlingswetter herbey, mit einem alles zu sagen: der ganze Frühling vom 23ten Februar an bis durchaus war gerade so, wie ihn jeder Bauer wünschte, Wärme, Trockne, Regen wechselten zu rechter Zeit ab. So nun wie der Frühling war, so war auch der Sommer, man konnte kaum besseres Wetter begehren.

Der Bauer pflügte das übrige Theil seines Ackers nach Gewohnheit, führte hinlänglichen

lichen Mist auf, und dungte es nach Landes-Gewohnheit satt. Er brachte den Mist alsobald und zu rechter Zeit unter, pflügte noch einmal auf, und den 8ten September ackerte er endlich zur Saat. Unter dem ließ ich die in Form eines Grabes-Hügels aufgeworfene Erde auch wieder um und ausbreiten, welche denn auch mit dem Pfluge gleich dem übrigen gepflügt wurde.

Das Wetter hierzu war das erwünschteste nicht, es fieng eben an etwas zu regnen, doch da der Boden nicht leicht, sondern mehr schwer als leicht war, so achtete man es nicht, man säete Dinkel mit etwas Roggen gemischt ein. Auf zwey Tage mäsigen Regen erfolgte wieder schön Wetter, und war also die Witterung, wie man sie wünschte. Der Saame Roggen und Dinkel, einer so wie der andere, gieng vollkommen gut auf.

Alles war also ganz gut, nur eins, dies: wie schon gesagt, ich ließ zu dem Grabes-Hügel die Erde dreyer Beete zusammenschlagen und die nachher wieder auf diesen leeren Raum austheilen; als sie eben ausgetheilt waren, waren alle drey Beete eben, und eins war so hoch als das andere, da aber etliche Tage herum waren, sahe ich, daß sich die beeden Seitenbeete gegen dem mittlern merklicher einsenkten und dieses über jene herfür ragte. Das kam nun wohl daher, daß das mittlere Beet nicht so locker da lag, als diese Beete.

Bisher wollte es freylich noch nichts sagen. Der Saame grünte durchaus gleich schön; Winters durch stand mein Saame allem übrigen auf dem Acker ganz gleich; So wars im Frühling immerhin auch.

Allein gegen den April fand es sich schon, daß der Saame des mittlern Beetes schöner hersahe, dichter stand, als der auf den zwey Neben oder Seitenbeeten nicht war. Als ich genau nachsahe, fand ich, daß zwar der Dinkelsaame aller ganz gut war; aber der Roggensaame war meistentheils auf beeden Beeten hinweg Die Nässe vom mittlern Beete in die niedern Nebenbeete, sammelte sich und riß den zärtern Roggensaamen aus.

Mein Saame grünte so schön als der übrige auf, und war so fett als aller, ja auf dem mittlern Beete übertraf er noch den übrigen durchaus.

Ich

Ich gieng Sommers mehrmalen zu dieser Stelle, um zu sehen, ob nicht etwas besonders dabey fürkam, ich fand aber nichts besonders, als nur dies, daß das mittlere Beet mehr Roggen aufhatte, als alle übrige Beete des Ackers, und überhaupt keinem nichts nachgab, vielmehr alle andere an Grösse der Aehren, und wie mich dünkte, der Körner übertraf; die andern zwey Beete aber hatten den Roggen wirklich meistens verlohren, hatten aber so viel Dinkel, als andere Beete des Ackers nicht vorzeigten.

Mit kurzen Worten: Es fand sich bey der Erndte, daß diese drey Beete eben so viel, als irgend ein Flecke des Ackers von eben der Grösse an Getraide abgab, und also die Erde ungedungt eben so viele Nahrungstheilchen dem Getraide zutheilte, als ein Feld von eben der Art gut und satt gedungt.

Diese Fruchtbarkeit kann nun allerdings von nichts sonst, als von dem Einflusse der Witterung herkommen *).

*) Die hier durch das Aufwerfen der Erde erzielte Fruchtbarkeit rührte einzig und allein

Sollte man ohne Grund annehmen, daß dieser Einfluß ein Jahr stärker oder grösser seyn könnte, als in dem andern, da sich die Witterungen alle Jahre in grosser Verschiedenheit ergeben? — Es schneyet, es regnet, es friert, es ist helle und schön, alles geschieht niemal in ganz gleichem Grade, und mich deucht, daß eins mehr oder weniger zur Fruchtbarmachung des Erdreiches beytrage, es ist ja auch möglich, daß in der oder jener Witterung die eingesogene Luftsalze wiederum verfliegten, verfliegten sie ja doch offenbar aus dem Miste, dessen Kracttheilchen, so er auf kleinen Haufen auf dem Felde einige Zeit liegen gelassen wird, fast gänzlich verdunsten, und er so leicht und ausgesogen zur Düngung fast wenig mehr tauget.

Ist das nun so, so begreife ich es wohl, warum mein Acker abgewichenes Jahr den Erfolg Ihres Versuches in grösserer Abgabe nicht ganz

lein daher, daß die dem Frost und der Hitze ausgesezten gröberen Erdarten und Steinchens zum Verwittern, und dahero zum Eindringen in die Gewächse geschickt gemacht, das Land also dadurch, obwohl nur auf eine kurze Zeit verbessert wurde.

ganz und gar bestättigte, wann er ihn aber doch im Ganzen vollkommen als ganz richtig erweiset; so hell erweiset, daß ihn auch meine Bauren gar nicht zu läugnen begehren, wenigstens glaube, daß man sehr wohl thue, wann man das Feld, so nächsten Sommer in der Brache liegen soll, vor Winter noch stürze. Nichts wird dagegen gedacht und gesagt, als daß es nur Schade sey, sich dieser schönen Entdeckung im Grossen nicht bedienen zu können.

Nun dann noch eins und das andere! Ich las vor kurzem in einem öffentlichen Blatte, daß man jetzt in Brandenburg eine Schaafart habe, von der ein Stück an Fleisch über zwey Centner wiege, und jährlich 11. bis 12. Pfund Wolle abgebe, hier frage ich: ob es nicht möglich sey, von solcher Schaafart einen Stöhr, oder Reithammel bekommen zu können? Wie hoch er an Geld käme? und wenn man ihn ablangen könnte?

Ein Mann aus meiner Pfarre, welcher vor kurzem drey herrschaftliche Kammerralhöfe vor 87000. Gulden erkaufte, jetzt wohl 4000. Schaafe hat, hat mich ersucht, obige Fragen zu thun; wäre ein Hammel zu erhalten, so glaube ich, er, als der beste Schäfer, würde nicht anstehen, ihn abholen zu lassen.

Zuletzt noch! Sie wissen, daß ich einst von der Italienischen Sulla geschrieben habe, eine Kleepflanze, die alle Kleearten übertrift, und für Teutschland ein Schatz gewesen wäre, so sie keinen Frost im Winter zu ertragen vermocht hätte; das konnte sie, leider! nun nicht, sie verfror mir, ehe ich es nur dachte.

Unterdessen stack mir die Sulla bisher so tief und so lange im Kopf, ich sahe mich überall, wo ich reisete, so lange nach ihr um, bis ich endlich so glücklich gewesen bin, ein der Italienischen Sulla fast ganz ähnliches Gewächs auf den erbärmlichsten Steinmauren in den Weinbergen, auf Felsen und auf den ödesten ausgebrannten Bergen anzutreffen, so da schon sehr fette und mürbe über anderthalb Ellen hoch aufwuchs, und welches das Vieh ungemein gerne frißt.

Vor nur erst ein paar Wochen ließ ich mir ihren Saamen einsammlen, und dann ließ ich etwa hundert Stöcke ausgraben, die ich in meinem Garten auf schlechten Grund einpflanzte, und nun zusehen und versuchen will, was

ich

da etwa der ökonomischen Welt künftig bald gutes Neues entdecke *).

Leben Sie recht wohl, recht vergnügt, ich bin in unverrückter vollkommenster Hochachtung von dem besten Herzen aus

Euer Hochwürden und Wohlgebohrn

gehorsam treuster Diener
J. F. Mayer.

den 4ten October 1779.
Kupferzell

X.

Ob es der Landwirthschaft eines Landes zuträglicher seye, daß die unter die Landleute vertheilte Felder: Aecker und Wiesen, mit Befriedigungen dieser oder jener Art eingeheget sind, oder nicht?

Ein Feld, ferne von der beständigen Aufsicht und Bewahrung seines Besitzers, ist allerhand

*) Von diesem Gewächse, welches der mündlichen Nachricht des Hrn. V. zufolge, ohngeachtet es hier zu Hause ist, verdarb, werde ich in der Folge Nachricht geben.

hand Gefahren und Feinden unterworfen und ausgesetzt, und wird gleichsam bald durch dieß, bald durch jenes in Schaden gesetzt; dieß veranlasset natürlich eine solche Verwahrung durch den Besitzer, daß es auch in seiner Abwesenheit gedeckt und befriedigt ist; da es nun aber der Mittel mehrere gibt, durch die man ein Feld schützen kann; so muß man dieses noch beisetzen, daß unter diesen Befriedigungen vornemlich: Mauern, Zäune, Hecken, Erdwälle, Geländer, Gräben und dergleichen verstanden werden. Man theilt sie demnach in lebendige und todte Befriedigungen ein; unter den lebendigen versteht man die Hecken aus allerley Strauchgewächsen; Dorn, Fichten, Weiden, Buchen, Cornellkirschen; unter den todten: Mauren, Zäune, Gräben, Wälle, und denen ähnliche Einfassungen.

Die Absicht beeder wird durch ihre Benennung bestimmt: Ein Feldgut durch dieselben wider schädliche Anfälle und Einbrüche zu schützen; mit dieser Hauptabsicht werden aber öfters gar viele andere Nebenabsichten verbunden: Eine ist das Nützliche aus den Befriedigungen selbsten; die andere das Nützliche vor

das

das Erbauete; die dritte die Bequemlichkeit vor den Besitzer und aller derer, die auf dem Feldgut sich aufhalten; die vierte das Schöne und Annehmliche.

Bey der ersten Absicht denkt man sich allerley Feinde: wilde Thiere, zahmes Vieh: Rinder, Schweine, Schaafe, Wassergüsse, Ueberschwemmungen, Menschen.

Bey der ersten Nebenabsicht wünscht man solche zu haben, die so fortwachsen, daß man von ihrem wegzunehmenden Ueberwuchs Holz zur Feuerung, oder von ihren Früchten einen Gewinn und Nutzen einziehen könnte.

Bey der zwoten, die Gewächse gegen kalte Winde zu decken, ihnen durch das verschafte Wiederpreilen der Sonnenstrahlen mehr Wärme zu geben.

Bey der dritten und vierten, sie unter der Scheere gehalten, schön zu Wänden erzogen und aufgewachsen, als einen wohl ins Aug fallenden Gegenstand vor sich zu haben, und zum Spaziergang oder Erquickung zu gebrauchen.

Es ist leicht zu erachten, daß kaum eine Befriedigung ist, oder erfunden werden kann, bey der man alle diese seine Zwecke gewinnet.

Eine

Eine Befriedigung oder Einfassung eines Gartens oder Ackers, mag seyn, wie sie will, so nimmt sie nicht nur viel Raum weg, sondern sie gibt auch viel Schatten, wo weniges oder gar nichts mehr aufwächset; Mäuse, Maulwürfe, Hasen, Vögel allerley Arten, die alle vom Garten oder Acker sich nähren wollen, wohnen unter oder neben ihnen.

Und überdieß, so leistet sie doch den Nutzen nicht, welchen man durch sie zu erhalten gedenket. Hat sich der Gartendieb den Raub einmal da vorgesetzt; so steiget er über Mauern, Zäune, und bricht oder schlüpfet durch die dornichsten Hecken hindnrch.

Zu was also die kostbare Befriedigungen der Gärten oder Felder. Mauern von Steinen sind vor den Landwirth allemal zu kostbar; wieder andere aus Steinen mit Erden zusammengesetzt, eben das. Man siehet hin und her, Wände von Erden-Koth oder Schlamm, diese haben einige um ihre Gärten; ich gestehe es, wenn der Landwirth im Stand wäre, dergleichen Wände um seine grösere Feldgüter ziehen zu können; so würde er sich mehr gutes, als er nur dächte, gewinnen.

Dergleichen Wände, wenn sie aus der schlechtesten Erde zubereitet werden, und so aufrecht über dem Boden nur wenige Jahre stehen, verwandeln sich in eine Massa, welche dem dungreichsten Mist vollkommen gleichstehet *). Man könnte sie so alle drey oder sechs Jahre wegnehmen und damit dungen, welch ein Vortheil vor den Landmann?

Grosser Vortheil? — Ja; — allein die Arbeit ist eben auch gros, und vor den Landmann beynahe zu groß!

Die Erdwälle, die Gräben, auf welche noch überdieß Hecken gepflanzet werden, sind zu kostbar und nehmen gewissermassen viel zu viel Land weg, der Landmann wird sie niemahlen annehmen.

Das Geländer, der Zaun aus Stangen und Stickeln sind die bekannteste, fast allgemein angenommene todte Befriedigungen; erstere

*) Wenn die Erde arm an nützlichen Erdarten oder Steinen war, welche leztere zu Zeiten durch ihr verwittern etwas zur Veredlung derselben beytragen; so wird auch nach einer Reihe von Jahren die Erde noch das seyn, was sie zuvor war: unfruchtbar: denn Luftsalze und Luftöhle sind Dinge, die nicht existiren.

erstere findet man um ihre Aecker und Wiesen; leztere um ihre Gärten.

Mögten sie da, wo man in Wäldern wohnet, wo mehr Holz absteher als genuzt werden kann, wo es das Handgeld nicht bezahlet, immerhin im Gebrauch seyn, allein da, wo die nöthige Feuerung hoch zu stehen kommt, sind diese Arten der Befriedigungen schlechtweg verwerflich.

Ich setze alle jene todte Befriedigungsarten hinweg, und schliesse mich auf lebendige Befriedigungen ein! — Hier sage ich die Gründe, welche solche empfehlen:

1) Unleugbar ist, daß eine lebendige Hecke, und vorzüglich die von Weißdorn ein Schuz ist wider den Raub und die Verwüstungen der Feldfeinde: Diebe und wilde Thiere.

2) Das zahme Vieh kann auf den Walden nicht allezeit so beysammen gehalten werden, daß nicht einige Stücke sich verlaufen und grasen; eine gute Hecke könnte dieses verwehren.

3) Die Hecke verwehret den Reisenden, auch andern die Ueberfahrt über die Feldgüter.

4) Das Getraide erleidet hinter der Hecke nicht die ganze Gewalt stürmischer Winde;

die

die Halmen werden weniger geknickt, nicht umgeworfen; die Aehre wird nicht schrattig; die Aehren werden nicht ausgeschlagen.

5) Eine Hecke von wüchsigen Gesträuse: Weiden, Buchen u. dergl. wird von Jahren zu Jahren abgehauen, und kann so zur Feuerung genutzt, auch die Weidenreiser zum Korbflechten, zum Angebinde gebraucht werden; eine andere von Pflaumen, Zwetschgen, Cornellenkirschen gepflanzt, gibt eine Menge Früchte zum Gebrauch; eine von Maulbeersträuchern dienet vortreflichst zum Seidenbau.

6) Die Bequemlichkeiten, da im Schatten gedeckt wider die Sonnenhitze zu seyn, würde dem Aug des Vorübergehenden, von einem sich auszeichnenden Werth.

7) Weiß man ja wohl, daß die Frühlingswinde die aufgefrohrne, wieder abgetrocknete lockere Erde gar leichtlich von den Wurzeln der Getraidesaamenstücke hinwegjagen, und sie so zum Ausrosten und Vergehen bereiten; die Hecken würden sie schwächen und zurückhalten.

Dieß sind wohl die Gründe, durch die man das Bestehen der Hecken unterstützet; durch sie erhalten sie sich noch bey den Landleuten in verschiedenen Ländern, und werden von einigen landwirthschaftlichen Lehrern als wohlthätig empfohlen. Ehe ich hierauf mich einlasse, will ich die Gründe derjenigen, die sie verwerfen, anbringen, sie gegen einander abwägen, und meine Meinung darauf sagen.

1) Die Hecken auf einem Feld nehmen allezeit vielen Raum hinweg. Dieß gilt in beeden Fällen. Da zween Anstösser eine gemeinschaftliche Hecke pflanzen, oder nur einer auf sein Gut eine hinsetzet; im ersten Fall verlieren beede den Platz, auf welchem sie stehet; im zweyten Fall muß man auf ein paar Schuhe von des andern Feld wegbleiben; In einem grosen Feld thäte das sehr viel, und zumal alsdann, wenn alle Aecker also eingefaßt würden. Man stelle sich einen Morgen zu 256. Quadratruthen in einem gleichseitigen Viereck so vor, daß auf jeder Seite die Hecke wenigstens 3. Schuhe wegnimmt; so wird dieß schon 12. Quadratruthen, wo nichts wächst, hinwegnehmen, und da

2) auf der Seite gen Süden, so hoch die Hecke ist, die gen Norden Schatten gibt, auf einer Wiese nur Moos, auf dem Acker nur

nur Unkraut, wenigstens nur gar weniges Gras und Getraide wächst. Dieß alles rund um angerechnet, so gehen schon, den Morgen nur zu einem Schuh gerechnet, vom ganzen also schon der 16te Theil ab und verlohren.

3) Dieser Verlust aber ist nun nicht der einzige, es kommen noch beträchtlichere Schäden hinzu; bekannt ist es, daß die Hecken die Zufluchtsorte vor alle die Thiere sind, die den Ackerfrüchten vornehmlich schaden.

4) Daß sich der Schnee hinter den Hecken sehr anlege und sich hoch aufthürme, und daß hieraus grösere Kälte in einem Land entstehe, daß sich solcher Schnee weit länger da, als auf offenem freyem Feld erhalte, also die Wärme im Frühling sehr verspäte, ist und bleibt eine natürliche Folge.

5) Wenn das Heckenpflanzen um jedwede Güterstücke allgemein beliebt und eingeführt würde, so würde das Land als ein Labyrinth oder als ein niedriger Wald, mit sehr vermehrter Arbeit gebauet werden. Das zu erweisen, stelle man sich nur ein eingehegtes Viereck vor Augen; so wird man gar bald begreifen, daß, so wie der Pflug nicht ganz

an die Hecke gebracht werden kann, so in jedem der vier Winkel Quadrate zu 10. bis 12. Schuhen in der Länge und Breite unaufgepflügt bleiben müssen.

6) Die Arbeit, diese Hecken zu unterhalten, sie so zu unterhalten, daß sie keinen grössern Raum einnehmen, ist sehr gros, kostbar, und dem Landmann ausserordentlich beschwerlich.

7) Da aller Strauchgewächse Wurzeln in der Tiefe auf allen Seiten auskriechen, so würde der Bauer unablässige Arbeiten vorfinden, sie auszuhauen, oder seine ganze Flur in kurzem in eine Dornhecke umwandeln sehen.

8) Und da man nicht sehen kann, wie dadurch dem Feld ein sichtbarer Nutzen zuwächst, weder Felddiebe, noch vorüberziehende Leute, noch das Wildpret ganz abgehalten werden können, wozu demnach die Hecken? da durch sie

9) die Eigenthümer der Markung, welche gezwungen sind, bey ihren Arbeiten von einem Acker auf und über den andern zu fahren oder zu gehen, weite Umwege nehmen müßten, welch eine beschwerliche und unzudultende

tende Sache würden sie nicht seyn oder werden?

Seyen dieses die Gründe auf der einen und der andern Seite, und dann beliebe man sie mit mir jetzt abzuwägen, und selbst den Ausspruch über die Frage: Ob es besser sey, die Landgüter mit Hecken zu umziehen oder nicht? zu thun.

Die Gründe, durch welche die Hecken verworfen werden, so unter den Nummern 1. 2. 3. 4. 5. vorkommen und angebracht werden, sind Wahrheit, und ihr Innhalt ist dem Landwirth allezeit wichtig.

Hält man die Gründe, welche vor die Anpflanzung der Hecken angebracht sind, nur dagegen, so können: erstlich die Ursachen, aus welchen sie angenommen sind, gar leicht gehoben werden; und sind theils in vielen Ländern bereits schon gehoben; Würde es denn nicht jeder Landesobrigkeit anzurathen seyn, das Wildpret, wo nicht ganz auszurotten, doch in einen Park einzuschliessen, das Walden des Viehes abzuschaffen, die Waldplätze besser zu nutzen, Chausseen, gute Wege zum gehen, reiten, fahren, erbauen zu lassen? Hierdurch würde der Ertrag des Landes allerdings auf allen Seiten zum Besten der Landleute und der Obrigkeiten recht ansehnlich vermehrt. Zweitens die angegebene aus den Hecken erwachsen sollende Vortheile, sind nicht so groß und gewiß, als man glaubt und angibt. Eine Hecke ist niemahlen zureichend, Raub, Einbruch, Ueberlauf und dergleichen gänzlich zu heben; den Einbruch des Wilds und des Waldviehes können die Jäger und die Stallfütterung weit besser abhalten, und die Chausseen dienen vollkommen wider den Durchgang der Leute, der Pferde und des Wagens.

Sollten die Hecken die Winde auf das Feld, wie man saget, wohl abhalten? — Allenfalls will man es nicht leugnen; aber so würde das Ackerfeld Wald, voll Schatten, voll der schädlichsten Vögel, der Hasen, der Rebhüner u. dergl. kalt durch sich selbst, Wildnis, was würde da alsdann noch wachsen? — Nein! was denkt man sich doch vor Ideen? — Holz von Hecken zur Feuerung! — Sage man doch schwaches flatterndes Reissig, Schosse — oder Dorn! — was wird dieß im Ofen auch nutzen. Jedoch man lässet es dicker erwachsen! — gut! — wann man auf kultivirten Ländern zugleich Wälder erziehen will, oder ohne Scha-

den

den des Getraides erziehen kann; so geb ich es zu; — ich selbst verstehe diese Haushaltung eben nicht.

Drittens: Schönheit, Bequemlichkeit, welche Dinge Numero 7. unter den Gründen mit vorkommen, schlagen hier auf Wiesen und Ackerfeldern durchaus nicht an; diese sind da schlechtweg Nebendinge, das Hauptwerk ist da Nutzen und alles aufs möglichste zu benutzen, die Absicht.

Nimmt man also die Gründe pro und contra so zusammen; so sehe ich nicht ein, wie man sich auch nur halb überreden kann, Hecken da anzulegen, wo ein jeder Busch, eine jede Staude schadet, und nicht einmal ein Baum zu dulten ist, wo er nicht offenbar mehr nutzet als schadet. Sey immerhin der Garten mit einer Weißdornhecke umzogen, das Feld aber offen; nur mit guter Policey durchaus umdornt!

XI.

Fragen
über die
Abschaffung der Waidgänge
und der
Einführung der Stallfütterung.

Ich preise mich glücklich, daß ich in einem Zeitalter lebe, wo unsere gröste Männer ihre forschende Blicke auch auf den ehehin so niedrig geachteten Beruf des Landmannes werfen, durch Versuche, Erfahrungen und Vorgänge den trägen Landwirth aufmuntern und somit auf des ganzen Staates Glück würksam sind. Ich kann Ihnen indessen ohne Schmeicheley sagen, daß ich Ihren Schriften besonders beypflichte. Sie sind praktisch, und durchaus patriotisch. Mein Landguth habe ich meistentheils nach Ihnen umgeformt, und befinde mich ganz wohl dabey. Demohngeachtet kann ich Ihnen meine Zweifel über die von Ihnen so sehr empfohlene Stallfütterung nicht bergen. Ich habe sie alle aus Erfahrung und langer Beobach-

tung,

tung, und wünsche nichts mehr, als sie von Ihnen gehoben und widerlegt zu lesen.

1) Bey der gewöhnlichen Art, das Vieh auf die Waidgänge zu treiben, hat man den augenscheinlichen Vortheil, daß man nie Mangel an grünem Futter den Sommer hindurch hat, des Tags über ist das Vieh auf der Walde, und findet seine Nahrung, aber wo da genug grünes Futter hernehmen, wenn das Vieh im Stall behalten werden soll? Wollen Sie mir hier den Kleebau empfehlen; so gestehe ich freylich, daß er hier eine gute Lücke ausfüllt; Ob er aber alles ersetze, daran zweifle ich, man müßte denn damit einen ganzen Flur aussäen, wenn man einen grossen Stall voll grossen und kleinen Viehes den Sommer hindurch ernähren wollte.

2) Und zudem heiset dies nicht auf der einen Seite ersparen, um es auf der andern Seite wieder auszugeben; so braucht man mehrere Dienstbothen, also immer Leute auf dem Felde, und um so mehrere, je mehr man Vieh hat. Soll nun das Vieh seine gehörige Pflege im Stall haben; so muß man

hier wieder Leute haben, zum Ausmisten, Füttern, Striegeln und dergl., berechnet man nun diesen neuen Aufwand, diese neue Mühe; so verliert dadurch die Stallfütterung sehr vieles.

3) Ein Stück Vieh, das auf die Walde getrieben wird, bekommt Bewegung und frische Luft; beyde müssen seine Gesundheit ungemein befördern. Mir fällt hierbey gar wohl ein, daß Sie in einer Ihren Abhandlungen, den Waidtrieb zur Quelle der Viehseuche machen. Aber schliese ich nicht zu viel, wenn ich so fort folgre, woher darf man zu keiner Zeit, auch bey der schönsten und trocknen Witterung das Vieh nicht einmal hinaus lassen. Ich dächte die Vorsicht, das Vieh bey nassem Wetter zu Hause zu behalten, und bey trockenem und dürren Wetter durch das Austreiben ihm Bewegung zu verschaffen, seyen zwey wesentliche Stücke der Viehzucht.

4) Noch mehr! Ich habe mit der Stallfütterung einen Versuch gemacht. Die eine Hälfte meines Viehes ließ ich auf die Waidgänge treiben, die andere blieb im Stall.

Ich

Ich machte die wichtigste Bemerkung, daß meine auf den Waidgängen grasende Kühe zu rechter Zeit rinderten, und meistentheils schon vom ersten Sprunge trächtig wurden. Hingegen meine Kühe im Stall rinderten sehr selten, oder wenn sie auch rinderten, so wußte man es nicht. Hierdurch hatte ich den Schaden, daß sie entweder gar nicht zukamen, oder doch mit dem Kalben in eine unbequeme Zeit hineinfielen. Dringen Sie nun so sehr auf die Vermehrung des Viehstandes; so scheinen Sie mir eben dieser Erweiterung durch Empfehlung der Stallfütterung das wichtigste Hinderniß in den Weg zu legen.

5) Doch gesetzt auch, die Kühe rindern bey der Stallfütterung, man bemerke es, und lasse sie zukommen! ich habe wieder mehr als eine Erfahrung, daß eine Kuh, die mir sonst bey dem Waldgang auf den ersten Sprung trächtig wurde, nunmehr, da sie im Stall eingesperrt ist, zwey, drey, auch sogar viermal zum Farrochsen gelassen werden muß, ehe sie empfängt, und manche auch gar nicht trächtig wird. Dies ist jedem Landwirth schon ein beträchtlicher Schade,

6) Lässet man das Vieh immer im Stall, so wird es wild, sobald man es in Freyheit setzet. Dadurch kann das gröste Unglück geschehen.

7) Bleibt das Vieh im Stall stehen; so bekommt es weiche Füsse. Ein neuer Unfall, jeder Stein, auf welchen es tritt, verursachet ihm Schmerzen.

8) Auf den Stoppeläckern, auch Wildnissen, auf gemähten Wiesen, findet sich immer Nahrung genug für das Rindvieh. Das Gras treibt im Herbst, besonders bey schöner Witterung nach. Solches abzumähen und nach Hause zu tragen? dazu ist es theils zu kurz, theils beschwerlich. Inzwischen verkommet es, bleibt ungenutzt, und der Heuhaufe muß eine gute Zeit eher angegriffen werden, als wenn man dieses Futter durch das Vieh abfressen liesse.

9) Was soll man nun aber mit den oft stundenlangen Walden anfangen? Sie unter die Dorfschaften vertheilen, werden sie sagen: gut! aber wenn dies nun wieder Lärmen gäbe? jeder würde das ihm an seinem Hause, oder an seinen Gütern bequem liegende Stück, jeder das beste haben wollen,

und

und alle sich am Ende beklagen, daß jeder für seine Person bey der Austheilung den kürzern gezogen habe.

10) Waiden sind ein, einer ganzen Gemeinde zukommendes Guth, bey Gemeingüthern hat jeder Einwohner sein ja oder nein zu geben. Seine Stimme muß gelten, wie wollen sie nun so viele Köpfe vereinigen?

11) Nun ein anderer Fall! Gesetzt die Bauren verstünden sich gern untereinander, so entstünden nun neue Ungemächlichkeiten. Wird das Vieh, das seines Laufes auf die Waiden gewohnt war, nicht nur bey seiner neuen Gefangenschaft toben, schreyen und poltern; das Vieh, das sonst den ganzen Tag auf dem Felde herum irrte, sollte nun gar keine Veränderung bey geänderter Lebensart empfinden und leiden müssen, nicht krank werden, nicht vom Leib abnehmen?

12) Und so schliese ich auch aufs Gegentheil. In meiner Gegend spannen die Bauern den Stier nicht an, er sey denn 3. oder $2\frac{3}{4}$. Jahre alt, setzen sie nun bis dahin das Vieh in den Stall, ohne daß es der Leute gewohnt wird. Bringen sie es nun als Stier unter das Joch, was werden sie wahrnehmen? Wildheit, und allerley Zufälle.

13) Sodann sehe ich gar nicht ein, woher man für einen beträchtlichen Viehstand Sommer und Winter über genug Streu hernehme? das Vieh kann man doch nicht naß stehen lassen; somit gienge das Stroh, das manchem Bauern nicht den Winter über hinreicht, schon im Frühjahr und Sommer auf. Also Stroh gekauft; abermals eine neue Ausgabe, welche bey dem Waldgang ganz wegfält.

14) Noch ein Umstand, ich meyne die grosse Mühe, das Gesinde zur Stallfütterung anzugewöhnen, und darauf zu unterrichten.

Nehmen Sie nun alle diese Gedanken, so werden Sie Stoff genug finden, mich und das Publikum zu belehren. Ich habe die Ehre mit vollkommener Hochachtung zu seyn.

Antwort.

Mein Freund! Sie finden für gut, mir einige Einwendungen gegen die Stallfütterung zu machen. Ich beantworte solche folgender Massen:

1) Ist es falsch, daß sich das Vieh auf seinen dürren mit Unflat besudelten Waiden, Sommers durch erhalte, warum grasen ihre Mägde? Ein einleuchtender Beweis, daß Sie zuviel

zuviel hier gesagt haben! Das Vieh ernährt sich nicht auf den gränzenlosen Waiden.

2) Sie haben zur Kleeaussaat keine weite Feldungen nöthig; Ihre Gemeinwalden, wie ich sie übersehen habe, halten bey Hundert und mehr Morgen Feld, darauf treiben Sie hundert Stücke groses und kleines Vieh. Wollte man nun diese 100. Morgen zu Kleefeldern anwenden; so müßte man damit Sommers ein 400. Stücke Rindviehes im Vollauf und allein zu erhalten vermögen. Und endlich was wäre es denn Schade, auch Ihre Sommerfluräcker mit Klee zu besäen, und sie sodann, wenn sie brage liegen sollten, als Kleefelder zu benutzen?

Ihre zweyte Einwendung. Auch diese gilt nichts. Ihr Hof hat jetzo bey 90 Morgen Aecker und 30. Morgen Wiesen, 4 Knechte, 3. Mägde, 35. Stück Rindvieh, und Ihre Knechte und Mägde werden diese hinlänglich zu besorgen im Stande seyn; Taglöhner bedürfen Sie zu Zeiten noch etliche; diese haben Sie aber auch jetzt. Wollen Sie es noch besser machen; so verwandlen Sie die eine von denen 3. Mägden zu einem Knecht, so fehlt es Ihnen gewis nicht. Und gesetzt aber auch, Sie be-

dürfen

dürfen derer 213 mehr, so würden Sie dennoch immer noch Vortheils genug haben, nicht unmittelbar durch das Vieh selbst, sondern durch die Verbesserung Ihrer Aecker, durch den Dung, durch die mehrere Milch, durch die von dem Vieh abgewandte Seuchen.

Die dritte Einwendung: Schein! weiter aber nichts. Kurz hier davon zu kommen, weise ich Sie auf das Gutachten der hannöverischen Aerzte, die den Grund der gegenwärtigen fast allgemeinen Viehseuche in Niedersachsen, Westphalen und Holland untersuchten. Sie können das Gutachten in extenso in einem Fürstlich Hohenlohe Neuensteinschen ökonomischen Schreib-Kalender von 1777. lesen; hier haben Sie den Auszug:

Bericht

von der Beschaffenheit der Hornviehseuche, welche sich auf die in der Stadt Pattensen angestellte nähere Untersuchung und Bemerkungen gründet.

„Aus der allgemeinen Erfahrung wuste „ich, daß die Heerden auf den Waiden den „mehrsten Theil des Sommers eine ungewöhn„liche stark anhaltende Hitze und Dürre, un„ter fast beständigem Süd- und Süd-Ost-

„winde,

„winde, hatten ertragen müssen, wozu noch „als eine Folge hiervon der Mangel an fri„schem Wasser hinzukam. Nothwendig mußte „das Blut hierdurch viele und die mehrste Feuch„tigkeiten, die es flüssig und in gehöriger „Mischung erhalten, verlieren. Ja es bekam „durch schlechtes stehendes, und der Fäulniß „sich näherendes Wasser einen täglichen Zu„satz, die indessen ohnehin schlechte Verfas„sung noch mehr verdarb, und dem leben„den Thier gefährlicher machte. Diese Heer„den litten also auch mehr oder weniger, je „mehr oder weniger sie Gelegenheit hatten, „unter dem Schatten der Bäume vor der „Sonne Schutz, oder bey der Zuhausekunft „eine frische Quelle zu finden. Ganz klar „beweiset dieses zu Pattensen der Umstand, „daß die Damm-Thierheerde, die einen gu„ten Theil des Sommers in einem Holz ge„waldet, noch jetzt von der Seuche nicht lei„det, da die Steinthorheerde, die diese Er„quickung nicht haben konnte, so ungemein „stark erkranket und wegfällt.„

Lebrech Friedrich Benjamin
Lentin.

Hannover
den 23. November 1775.

Ist es nun also, daß auch die hellen Tage zu schaden vermögen, so hat die Stallfütterung 3 Gründe für sich, bis Sie einen wider sie und für die Waiden gesagt haben. Deucht Ihnen, daß der Mangel der Bewegung schade, so theilen Sie nur Ihr Vieh gehörig in Zugochsen, in Kühe, in die Nachzucht, in das Mastvieh ab, so wird sich diese Besorgniß bald heben. Ihre Zugochsen haben Bewegung genug, das leugnen Sie nicht. Ihr Mastvieh lebt bis zu seinem Tode ohnfehlbar gesund. Noch sind die Zöglinge übrig, diese gehen alle Tage dreymahl über die Tränke, und machen sich Bewegung genug.

Doch was des Demonstrirens? wissen Sie denn nicht, daß wir hier herum viele Stunden im Umkreise schon von hundert Jahren her die Stallfütterung, und dabey das gesundeste, fetteste Vieh haben, und kaum jemals eine Seuche gehabt haben? Die Erfahrungen gehen allen Demonstrationen aus selbst formirten Ideen weit vor! —

Und dann gesetzt auch, wir wollten das Vieh bey schöner anständiger Witterung auf die Waiden hinaus führen, wer würde die geschickteste Witterung hierzu ausmessen? der eine ne trieb heute, der andere morgen auf die Waide, welche Unordnung!

Der vierte und fünfte Einwurf zugleich überdacht: Kühe im Stall behalten, rindern selten, und nehmen sie auch jetzt den Sprung an, so wird man solches an ihnen doch selten gewahr, folglich gehet die Zeit, da sie empfangen hatten, ohne trächtig geworden zu seyn, schädlich vorbey; ich lasse Ihnen recht; wenn Sie sagen: daß ein stärkerer Einwurf wider die Stallfütterung nicht gemacht werden könne. Lange der Vorwurf meiner Gedanken, lange das Crux aller Oekonomen bis hieher! —

Endlich doch auch über diese Schwierigkeit gesiegt, sage ich Ihnen meine Gedanken, meinen geprüftesten Vorschlag wider das Nachtheilige der Stallfütterung, so Sie ganz richtig bemerkten.

Es ist ganz gewiß, daß das erwärmte Blut, seine Reibungen, die flüssig gewordene Säfte, die durch Umgang und Anschauen des Farrochsen und der Kuh erregte thierische Passionen, den Reiz zur Begattung und die mehrere Möglichkeit zur fruchtbaren Begattung erwecken. Dies als etwas von der Natur

 selbst

selbst abgefordertes Nothwendiges vorausgesetzt, ersiehet man sehr leicht, wenn die Kuh im Stall spät rindert, selten, und bey öfterer Begattung spät oder gar nicht empfänget.

Der Bauer, welcher das Rindern der Kuh aus ihrer ungewöhnlichen Unruhe ganz sicher schlieset, nimmt sie, es sey früh oder spät, führet sie über die Gasse zum Fatrochsen. Der Ochs, welcher die ganze Nacht, den ganzen Tag lag, und sich voll gefressen hat, ist träg, wird zur Begattung ausgelassen, siehet die Kuh, wagt den Sprung, so führet der Bauer die Kuh wieder zu Hause. Ist es so unbegreiflich, warum die Empfängniß nicht erfolgt? diesem kann man nun bey der Stallfütterung gar leicht, ohne alle Kosten und Mühe wohl abhelfen. In manchem Ort hat man's und weis es aber nicht; in manchem weis man's und hat man's, doch in beeden selten ohne Kosten. So weis ich eine Stadt (Oehringen im Fürstenthum Hohenlohe), wo man von alten Zeiten her das Rindvieh Sommers durch alle Tage austreibt, solches in einem mit einem hohen Zaum umgebenen engen Wiesenplatz, der mit hohen Weidenstöcken besetzt ist, einlässet, wo der Hirte sich und sein Vieh auf je einen

halben

halben Tag einschlieset, nicht eine Handvoll Gras bekommt die Kuh oder das Rind, da stehet alles, siehet und blöcket sich an, jaget sich da untereinander herum. Die Stadtleute wissen, daß ihr Vieh sich nicht füttert, sie füttern es zu Hause, sie wissen nicht, warum sie es austreiben. Ich wußte es bis daher, da ich der Sache nicht nachdachte, wohl selbst nicht; nun weis ichs: die Alten wählten diese Weise, ihr Vieh aus dem Stall zu halten, wohl in keiner andern Absicht, als die fruchtbare und frühe Begattung ihrer Kühe zu befördern.

Von ohngefähr kam ich in den Mayngrund, als ich bey einem Flecken dahin fuhr, sah ich die ganze Viehheerde auf einem Brachacker, auf einem Fleck, beständig vom Hirten beysammen gehalten.

Ich befragte mich über der thörichtscheinenden Sache im Dorfe, die Antwort: aus der einzigen Ursache und in der einzigen Absicht, die Begattung zu befördern; so wie eine Kuh nach der andern zukömmt; so hält man sie auch nachher beständig zu Hause. —

Gut, aber wohl nicht so ganz gut! dabey verkommet immer der Dung noch; oder der Hirte, wie von dem Hirten des Stadtviehes

 geschie-

geschiehet, sammlet ihn, als ein Stück seines Lohns und verkauft ihn theuer. Mache man es anderst, beedes den Schaden, Verlust und die Unkosten zu umgehen und zu verwehren.

Einen Hirten braucht man für Schweine, Gänse, Schafe, an dessen Hause umzäune man einen Fleck öden Feldes, diesen soll der Hirte mit fruchtbaren Bäumen zu seinem Nutzen bepflanzen, in diesen beschatteten Ort bringt der Bauer seine rindern sollende Kuh und dann den Farrochsen, man lasse sie beede da lauffen, der Hirte oder eines seiner Leute bemerke den Ritt, so ist die Sache geschehen.

Die sechste Besorgniß hat Grund; allein die Furcht aus diesem vor dem Unglück ist auch zu gros. Ich lebe nun hier schon zwey und dreysig Jahre unter meinen Bauern, die ihr Zuchtvieh kaum einmal in seinem ganzen Leben aus dem Stall herausgelassen. Sie tragen ihm sogar die Tränke in Kübeln in den Stall hinein. So eingesperrt also ihr Vieh auch ist, und bleibet, so habe ich doch während diesen Jahren von nicht mehr als drey wild gewordenen Stücken gehöret.

Den siebenten Einwurf gestehe ich Ihnen zu, ja ich setze auch noch mehr hinzu; die Kühe, he, welche so viele Jahre aneinander immerhin im Stall gehalten werden, bekommen so unbequeme Klauen zum gehen, daß sie so weit und lang gebogen obert aufwachsen, daß sie wie die Schlittschuhe geformt sind, also im Gang nothwendig hindern und denselben beschweren.

Was folgt aber aus diesem, wohl nichts, denn die Kuh ist ja zum Gehen nicht da, das junge Vieh so freylich weiche Füsse hat, gehet den ersten Tag, wenn es weggeführet wird, nur drey, vier Stunden, doch den andern schon mehrere, und den dritten wieder weiter, und so nach und nach erhärten sich die Klauen, ehe 8 Tage vergehen, gehet es so weit, als das Waidvieh je gehen kann. Dieses ist Erfahrung, und da von unserm Vieh bis nach Frankfurth, Strasburg und Paris alle Wochen eine Menge ausgetrieben wird; so habe ich aller Orten die Zeugen von dem was ich sage, verbreitet.

Der achte Widerspruch: auf Stoppeläckern, auf den Wiesen, nachdem das Grummet hinweg ist, wächset viel Gras, welches, so es nicht abgewaldet wird, verdirbt. Ich antworte: hat man Schaafe, wie man diese doch, leider! dabey immer noch erhält, so machen diese auf allen benannten Plätzen reine Arbeit, und so verkommet wohl nichts.

Einöden sollen nicht seyn, diese soll man wohl anbauen; die Ebenen werden Aecker und Wiesen, die Berge Kleefelder, mit Esparset besäet.

Das Vieh auf die Wiesen zu treiben, ist niemalen räthlich; es schadet auf allerhand Arten. Eine Wiese, im Herbst noch mit etwas Gras überwachsen, übertrift eine andere vom Gegentheil das kommende Jahr bey weitem an Graswuchse.

Sorge man nur nicht, daß man das dürre Futter in der Scheune zu früh angreife, wer Klee bauet, die abgeschafte Waldstücke dazu anwendet, hat Grases und Heues genug.

Die neunte Einwendung will ich mit der zehnten verbinden. Obrigkeiten sind Väter; Vätern aber kommt es zu, die Dinge der Kinder wohl zu überdenken, und dann nach ihrem besten Wissen zu befehlen: das thuet, und das lasset unterwegens. — Man hat nicht nöthig die Ursache zu sagen, warum? wollte man das thun, wie würde man mit seinen Kindern je fertig? Also ist damit auf eines geantwortet, und also weiter.

Wie aber müssen die Walden unter die Bewohner einer Stadt, eines Dorfes, eines Wei-

Weilers vertheilet werden; 1) wer unter solchen bekommt einen Antheil? 2) wie viel bekommt also jeder eigen? Dieses entscheiden 3 Dinge: 1) die Statuta der Gemeinde, 2) der Besitz, 3) der Beytrag an Geld, Arbeiten und dergl. welche auf solche Gemeindgüter jährlich von den Gliedern einer Gemeinde verwendet werden. Sagen die Statuta selbst, daß jeder oder nicht jeder, sondern nur der und der Innwohner an den Gemeingütern, besonders auch an der Walde, Theil habe; so ist die Sache schon klar.

Die zwote Frage ist wichtiger und schwerer zu beantworten, als die erstere; diese verursachet die vielerley Einstreuungen derer, die eine Gemeinde miteinander ausmachen.

Sie sind nicht einerley Art: es sind halbe Bauern, Söldner, bloß Häusler, Taglöhner, Handwerksleute und dergl. Dieser Widerspruch hat bis daher, in vielen Ortschaften, wo man die Walden gerne abschafte, das Unternehmen aufgehalten, verhindert, vereitelt. Meine Meinung nun auch hierüber zu sagen: daß der Bauer mehr Güter von den Dorfgütern besitzet, daraus folget gar nicht, daß er auch mehr Antheil an den Dorfgütern habe. Einen Schluß

 von

von einem einzeln aufs andere untersagt die Logik, daß die Bauren auf den Gemeinheiten mit Fuhrwerk, die bloß Häusler aber die Arbeit mit der Hand thun, darinnen liegt wohl sehr weniger Unterscheid. Eine Arbeit ist so nothwendig als die andere, und die Arbeit mit der Hand macht dem Häusler wohl mehr Mühe, als dem Bauren mit den Ochsen und dem Fuhrwerk. Hätte der Bauer bis daher die Waide besser benuzt, mehr Vieh, als der Handwerker darauf getrieben und gewaidet; so mag es jener diesem verdanken, aber daraus wohl nicht mehr fordern. Wäre aber das andere: die Statuten eines Ortes sprächen einem ganzen Bauren mehr, als dem Halbbauren, diesem mehr als dem Söldner zu, so würden sie nach diesem vertheilt, die leztern nach dem Verhältnisse mit wenigerm Vermögen, als die erstern. Die Lokalumstände werden hier alles entscheiden. Dabey kommt das Bauren-Geschrey und das jus convenientiae gar nicht zn Betracht. Die Stücke der vertheilten Walde sind freylich einander niemalen völlig ähnlich, die Austheilung nun bestimmt das Glück durch das Loos. Kommt wegen der Ungelegenheit wenig Vortheil heraus; so war es ja

vor-

vormals wohl auch so. Das Vieh auf eine dürre Waide weitwegzutreiben, hiesse und war weiter nichts, als es aus der weiten Ferne wieder heimzutreiben, und der so unentbehrliche Dung wäre auf der Strasse empfindlichst für den Feldbau verschleppt worden. Jedoch der Zweifel hat gar zu weniges wahres. Ein Feld mag liegen, wo es will, so kann und wird man es auch allerdings vorzüglich gut und besser benutzen, wenn es vertheilt und eigen geworden.

Kartoffeln, Turnips, sonderlich Klee da zu bauen, bleibt ja doch allezeit möglich. Hat man da Heu, so graset man eine nähere Wiese ab, oder besäet einige Aecker mit dreyblätterichtem rothen Klee. Eines ersetzet das andere ohne Schaden, und der wichtige Vortheil aus der Abschaffung der Waiden und der Einführung der Stallfütterung bleibet allemal eines.

Die eilfte Besorgniß: die Gewohnheit des Waidgangs hat einen starken Einfluß auf das Vieh; aus der Abstellung desselben können gefährliche und verdrießliche Folgen erwachsen; das Vieh würde denselben schwerlich und sobald nicht verlieren, es würde im Stall toben, blöcken,

cken, überhaupt unruhig werden, nicht fressen, nicht saufen, vom Leibe fallen; vielleicht auch gar krank werden und fallen. —

Ihnen sey ihr Vielleicht, welches mich des weitern Nachdenkens über dieses überhebt, von Herzen verdankt! bey einem Vielleicht machet man eben, wie bey allem zweydeutigen, und im gewissen zuerst kleine Versuche; gelingen diese, so macht man grössere, endlich werden sie im allgemeinen erprobet und so nützlich bestehen.

Fürchten Sie nur dies nicht: auf meine Gefahr und Ersetzung alles Verlustes, lassen Sie Ihr Vieh alles auf einmal heute noch zu Hause. Ich habe Erfahrungen genug, die diese Besorgnisse alle widerlegen.

Die zwölfte Einwendung. Erlauben Sie mir aus der Gewohnheit, der Sie, kurz zuvor, so viel zuzuschreiben vermochten, wider Sie zu schliesen; was kommt dem Jochtragen näher: an der Kette liegen oder von ihr los seyn, in der weiten Hutwaide herumirren? Glauben Sie mir, das Vieh im Stall gehalten, stets von Menschen gepflegt, ist weniger wild, als das auf den Waiden. Unsere Ochsen

sen sind ja weit zähmer, als die Ungarn auf den Büsten.

Der dreyzehnte Widerspruch. Ich antworte: wer Vieh hat, hat gewißlich auch Streue; nicht nur Stroh, sondern auch Laub, Binsen, Abfall von Flachs und Hanf, Tannen- Fichten- Erlen- Aestchen, Sägmehl und dergl.

Und kaufte man auch die Streue, so ist doch nicht ein Heller dabey verlohren, der Dung bezahlt die Einstreuung, man verkauffe ihn, oder bringe ihn auf Wiesen und Aecker und will man nicht einstreuen, so hält man sich Güllenlöcher, und sammle den abfallenden reinen Dung in dieselben, so gewinnet man die fruchtbarste Massa, und das Vieh wird auf eben eingepflasterten Steinen liegen zu müssen, gewiß nicht krank werden.

Die vierzehnte und letzte Einwendung endlich. Hierinnen haben Sie ganz recht. Ich will einen Niedersachsen hier nennen, wo das Gesinde das Striegeln und Abbürsten des Viehes für Fallknechtsarbeit ansiehet, wo man deswegen mit der Stallfütterung, die man doch

so

so gar gerne einführte, beynahe nicht fortkommet. Sie sind nun selbsten eine obrigkeitliche Person, Ihnen also übergebe ich die Dienstboten in die Zucht, geben Sie andern ein nöthiges und allerbestes Beyspiel. Ich wünsche Ihnen die rauhe Sprache, das voll Falten liegende Gesicht, den Stock, die nur durch augenblicklich geleisteten Gehorsam zu beantwortende Frage des Amtmanns in den Mund: saget, wollet ihr oder nicht? zum neuen Jahre in Ihre Haushaltung vor allem, und was zum Beschlusse dann nun noch mehr?

Noch dieses: die für das kultivirte Teutschland so erwünschten viele Schaafheerden hindern an der Abschaffung der Waiden mehr, als das andere alles. Wann doch auch hier endlich einmal die Obrigkeiten aufsäheten, und ihren wahren hervorstechenden Nutzen, auch den bis daher durch diese Feinde der Landwirthschaft zurückgedruckten Vortheil des Landmanns bedächten! Dann ferner auch dies noch: die in sehr vielen Ortschaften angesessene Unterthanen, von oft zwey, drey und mehreren Herrschaften. Diese Vermischung ist Ursache, daß sich die Waiden, die schädlichste Waidgänge gegen die über alles nützliche Stallfütterung erhalten.

Will die eine Herrschaft den Waldgang vertilgen, so spricht die andere dawider, was ist da zu thun? es bleibt hier beym alten, und das uti possideris ist hier auch also die Losung. Gegen solche Widersprüche ist nun wohl nichts zu sagen. So geben viele ein Aug hin, nur daß der andere keines haben möge. Da hilft nun freylich kein Rath! —

Aber Sie, mein einsichtiger, werthester Freund! lassen sich dieses alles nicht aufhalten, die Waldgänge zu vertilgen, die Stallfütterung dagegen zu wählen. Theilen Sie, lassen Sie umbrechen, bauen Sie Klee, stellen Sie noch ein- zwey- dreymal mehr Vieh an, lassen Sie mehr Dung sammlen, öfters ausbuttern; so werden Sie reich werden, sonst nicht! — Alle mögliche persuasoria für den landwirthschaftlichen Geitz! Sporn auch für Sie!

Doch mein eilfertiger Freund! nicht so gar hitzig! nur nicht übereilt! über dem Knie abgebrochen, auch die sonst allerbeste und nützlichste Dinge gerathen allerdings selten! probiren, versuchen Sie doch vorher alles im kleinen, und schreiten so allgemach fort zu dem grössern. Ihre Huthen vertheilen Sie anfangs nur halb,

die

die ausgetheilte erste Hälfte lassen Sie im Herbst herumbrechen; säen Sie Klee; auf der zworen Hälfte waiden Sie den ersten Sommer doch noch Ihr Vieh; dann im zweyten Herbst theilen und bauen Sie auch das übrige, kommenden Frühling haben Sie Klee, so viel Sie nur wollen, und dann wird es sehr gut gehen, dieses soll mich sehr freuen, als ꝛc.

XII.

Wie ist die nützliche Stallfütterung ohne Zwang allgemein zu machen? und wie ist ihre Einführung dem Landmann zu erleichtern?

Eine gekrönte Abhandlung.

Omne principium grave.

Wenn sich der Landmann zu was nicht freywillig entschließt, so gehet es eben so bey ihm, wie bey andern Menschenkindern zu. Es stehet ihm etwas, welches ihn hindert, im Wege, und etwas ist ihm entrückt, welches, so er es sähe, wüßte oder empfände, den Willen

len dahin lenkte. Auf diese zwey Stücke hat man in dieser Beantwortung zur Empfehlung der Stallfütterung bey dem Landmann zu achten.

In den Mangel des Erkenntnisses schließt sich das mehreste ein. Es ist nicht möglich, daß ich die Waiden vermisse, und nicht möglich, daß ich mein Vieh im Stalle mit Fütterung, die mir entgehet, erhalte! Der erste Gedanke wider die Abschaffung der Waiden und wider die Einführung der Fütterung im Stalle.

Sähen also die Landleute ein, daß es ihnen möglich wäre, ohne Waiden genugsame Stallfütterung für ihr Vieh haben zu können, so würden sie's bald begreifen, daß es ihnen auch dadurch möglich wäre, die Waiden zu missen und zu verlassen.

Wie ist ihnen also, entstehet die Frage, dieses zu geben?

Dazu hat man zween Wege: der eine ist der Weg des Unterrichts durch Worte; der andere, der durch Erfahrung.

Der Weg der Erfahrung ist für den Landmann der gebahnteste, der den er gerne betritt und auf dem er zum Ziel geht; gebe man ihm also die Erfahrung, und die Lehre daraus: daß es möglich ist, genug Fütterung, ohne Waide zu haben, in die Hände, so wird es gewißlich von selbst kommen.

Hat man das Mittel, durch dessen Anwendung der Landmann die mehrere und genugsame Fütterung erhalten kann, ausgemacht, so giebt man es ihme entweder in eigene Hände, oder man wendet es selbst an, läßt den Landmann den Effekt ansehen, und macht ihm so fremde Versuche und Erfahrungen eigen. Beedes hat auf den sinnlichen Menschen, welcher der Landmann allerdings ist, eine gewisse unwiderstehliche Wirkung.

Man hüte sich aber vor allem, ihme so was, das noch auf einem zweifelhaften Ausschlage beruhet, als ein zuverlässiges Mittel anzupreisen; gelingt es nicht, und wird er dadurch einmal erschreckt, dann kommt er kaum jemalen wieder.

Was könnte man ihm also als das tüchtigste, gewisseste Mittel rathen? Messe die Zahl des Viehes nach der Menge deiner Fütterung, und stelle nicht mehr an, als wozu deine Wiesen hinlängliche Fütterungen geben.

Bemühe dich, deine bisher schlechtgewartete und gepflegte Wiesen zu verbessern und so weit zu erhöhen, daß du die Anzahl deines Viehes zu vermindern nicht bedarfst, und dazu auf ihnen hinlängliches Stallfutter erhältst.

Hast du viele Aecker, wenige Wiesen; so nimm von deinem Ackerfeld so viel wieder hinweg, um so viele Wiesen aus ihm zu schaffen, als du nöthig haben magst.

Diese und dergleichen mehrere Vorschläge könnte man thun. Als bessere, einleuchtendere und gewissere Mittel wären zu empfehlen:

1) Die Ansaat der weissen Rüben auf die abgeerndete Wintergetraidefelder, so wie es am Rheinstrom und in mehreren andern Gegenden üblich ist; von welchen das Vieh den ganzen Winter hindurch, wenn sie klein gehackt und zu geschnittenen Stroh oder Hexel gesetzt werden, lebet *). Oder

*) Den Anbau der weissen Rüben in Getraide-Stoppeln mißrathe ich in schlechten Feldern sehr. Das Land wird dadurch ausgesaugt und das Futter davon, ist dennoch wegen der vielen Feuchtigkeit, welche die Rüben

2) die Anpflanzung der Burgunder-Rüben oder Rangerschen, von deren Blättern das Vieh Sommers durch erhalten, und Winters hin mit ihren Wurzeln genährt wird *); oder

3) die Ansäung des Habers und der Wicken untereinander, welche Fütterung 2 auch 3 Mahl,

Rüben besitzen, nicht das beste. Würde man die Rüben trocknen, zu Schrot machen lassen und so verfüttern; so würden sie so vielen Nutzen leisten, als irgend ein zur Mastung gebräuchliches Gewächs.

*) Burgunder-Rüben gehören in Betreff der vielen salzichten Bestandtheile, welche sie für allen andern Gewächsen in grosser Menge besitzen, unter die gesundesten, nahrhaftesten und dungreichsten Futtergewächse, und der davon erhaltene Dung wird auf alle Arten Klee, Futter und Gartengewächse, sich als vorzüglich wirksam zeigen. Schade ist es, daß die grosse Menge wäßrichter Theile ihre Wirkung bey der Mastung so sehr verdränget, getrocknet und geschroten würden sie alles leisten, und dieß vorzüglich an solchen Orten, wo man theils aus Vorurtheil, theils aus Mangel die so nöthigen Salzungen, welche sie als Schrot gebraucht, beynahe ganz vertreten könnten, unterlässet.

Mahl, je nachdem der Acker von Natur fett oder gut gedungt ist, abgemähet werden kann.

Man könnte noch mehr dergleichen angeben; allein ob sie schon alle ihr gutes haben, so leiden sie doch allemal auch wieder Abfall. Was nun aber schlechtweg unwiderleglich, aller Orten, schon so lange her, unausgesetzt vollkommen erprobt wurde, das ist gewißlich der Kleebau, und zwar von allerley Arten; sonderlich aber von dreyblätterichten rothen Klee *).

Ich will von seinem Werthe nichts schreiben; der ist zu bekannt, er ist grün gefüttert, erwünscht; gedörrt, besser als das gemeine Heu von der Wiese; wenn er erwachsen ist und blühet, so stehet er in annehmlichster Pracht; arbeitet der Fleiß, so wird

 selb-

*) Auch hier empfehle ich dem Landwirth — wenn er gute Felder besitzet, denn auf schlechte Felder zielet mein Vorschlag nicht: den Anbau der Pimpinelle, des Honig- französischen Ray-Grases und der Futtertrespe! Niemand als nur der, welcher den Vorschlag befolget, wird und kann das Nützliche desselben begreifen und beurtheilen. Gewißlich! der Wechsel mit Futterkräutern und dieß der besten Art ist bey der Viehzucht nöthiger und nützlicher als bey dem Ackerbau!

seine Ansaat nicht theuer; ein kleines Plätzgen Kleeacker enthält Saamen für ein sehr grosses Land. Man säet ihn ohne Arbeit und Kosten.

Wäre man also so glücklich, diesen Kleebau allein allgemein zu machen, so würde man zu seinem Vieh Sommers und Winters hinlängliche Fütterungen haben, und so würden auch die Waiden als unnöthig nicht mehr betrieben.

Allein, das zu bewirken, ist Wunsch.

Ich kenne mehrere Länder, wo man so sehr nichts, als die Abschaffung der Waiden, sich wünschte; allein man gelangte bis daher doch noch nicht zum Zwecke. Warum? —

Man legt dem Landmann selbst Hindernisse in Weg! Ich will sagen, weil man Hirsche, wilde Schweine rc. mehr liebte, als den Bauern; jene lieber fett, als den Bauern reich oder bey Brod sah rc. oder weil man den thätigen Unterricht versagte, und ihm eine solche Unternehmung weniger erleichterte als erschwerte.

Zween Fürsten habe ich zu kennen die Gnade. Beider Vaterwunsch für ihre Länder war die Einführung der Stallfütterung,

beede

beide verlohren viele Zeit, verwandten viele Gnadenbezeugungen vergeblich, ihre Unterthanen zu dem Kleebau, durch Unterricht und Lehren zu erwecken. Es blieb überall, wie es war, keiner wollte voran.

Beide Fürsten fielen auf einmal, wie abgeredet (kein Wunder, die Denker treffen sich immer), auf den Entschluß, sich des wörtlichen Unterrichts zu begeben, sie schwiegen: dagegen aber wählten sie den Unterricht in Werken und im Vorgange, und wurden selbst Exempel und Beyspiel.

Auf ihren Cameral-Gütern säete man auf einmal so vielen Klee, daß man im folgenden Jahr im Stande war, das dastehende Vieh Sommers und Winters, ohne es auf die Waiden zu treiben, zu füttern.

Der eine befahl nun, sein Vieh im Stalle zu halten, die Hirten wurden entlassen, oder zu Kleemähern und Viehfütterern bestellt; der andere aber, durch die Menge des Klees gereizt, vermehrte die Anzahl seines Viehes, und ließ es die Walden noch wie vorhin besuchen.

Die Unterthanen beider standen und staunten die Kleefelder an; es war dort unbegreiflich, wie man alles und so viel Vieh, ohne

Waldgang zu haben, im Stalle auch Sommers durch ernähre; hier aber unerklärbar, wie es möglich wäre, daß man den vorher so schwachen Viehstand so ansehnlich vermehrt habe, und doch ganz gut besorge.

Bey allem dem aber war nicht ein Unterthan, der es annahm; alle blieben bey der Verwunderung stehen, auf die Ermahnung: thut auch so! — Das kostet uns zu viel Geld! — und zu viel Dung, den so ein fettes Gras allerdings bedarf! —

In dem Lande des einen Fürsten kam es nicht einmal bis jetzt nur so weit; dieser aber fährt dem ohnerachtet fort, auf seinen vielen Cameral-Höfen Centnerweiß den Kleesaamen alle Jahre zu streuen: immer noch mit dem Wunsch und in der Hoffnung, verschlossene Köpfe zu öffnen.

Der andere Fürst riethe hier großmüthig, räumte dieß Hinderniß weg, kaufte 90. Centner Kleesaamen, und verschenkte allen an die, die sich zur Ansaat entschlossen; — sie entschlossen sich aber fast alle hierzu; und zwar gleich das kommende Jahr drauf, wie das folgende 1782. wieder, aus eigenem Beutel.

Der Fürst, welcher mit Ansäung sehr vielen Klees auf seinen Cameral-Gütern vorangieng und sie durch die Begypsung des Klees, desto anschauender lehrte, wie man ohne Mist dungen und ein so fettes Gewächs schaffen könne, da er immer ein Stückgen unbegypst liegen ließ, wo dieses fast versagte, wenn jenes bis zum Erstaunen hoch und fett und schnell aufwuchs; suchte nun auch das Mögliche und Nützliche der Stallfütterung und der Umwendung der Waiden in Aecker und Wiesen durch Versuche und Vorangang zu zeigen.

So abgeneigt war das Land, die Waiden zu vertheilen und anzubauen, daß eine Gemeinde dem Fürsten eine grosse Anzahl Morgen von ihrer unermeßlich grossen Waide schenkte, damit er nur nicht begehre, daß sie solche theilen und das Vieh künftig im Stall füttern müsse; der Fürst nahm das Geschenk an, kaufte noch viele Morgen dazu, und ließ sogleich im ersten Jahr das eine Drittel und folgendes das zweyte Drittel herumbrechen und Haber darauf einsäen, welcher noch zum Erstaunen aller, hoch aufwuchs, und die reicheste Erndte abgab; so geht diese Operation fort.

Um nun aber auch die Möglichkeit und Nützlichkeit der Fütterung selbst zu zeigen, hat der Fürst schon auf seinen Meyerhöfen die Anzahl des Viehes vergrössert, läßt es im Stall halten, und da von einem Bauern aus unsrem Lande besorgen, welcher auch schon viele Ochsen, Rinder und Kühe mästete, wie er denn 1781. bis 1782. 29. Stücke der fettesten Ochsen verkaufte, und damit einen vorhin nicht zu begreifenden unmöglich geachteten Gewinn machte.

Dieses ist wahre Geschichte, und was dieser noch abgienge, ersetzte die aus der ganzen Gegend meiner Wohnung, wenn nur einmal ein einziger Bauer bewogen wird, anders zu thun, so folgen bald und ganz gewiß alle.

Ich selbst will aus diesen Geschichten die darinnen liegende Regeln nicht abstrahiren; jeder der sie lieset, siehet sie offen schon da liegen:

Wie ist aber diese Einführung der Stallfütterung dem Landmann zu erleichtern?

Die Schwere des neuen fühlt man allerdings; beym neuen fehlen die Handgriffe, und ohne diese ist auch das leichteste schwer; die Stallfütterung hat auch ihre Handgriffe.

Jedoch

Jedoch! sey etwas auch noch so schwer; sey es nur offenbar nützlich und verschaffe ansehnliche Vortheile, so greift er es doch froh an, und kommt glücklich zum Ende.

Ist man also im Stande, den wirklichen grossen Nutzen der Stallfütterung dem Landmann sinnlich zu zeigen, so wird er darauf froh; und so wird er auch bald alle Hindernisse, die ihn bisher zurückhielten, überwinden.

Ich weiß Länder, wo man die Stallfütterung durch die auf starke Befehle geschehene Umreissung der Waiden nothwendig machte und einführte; die Landleute weinten dabey; jezt aber durch den reichsten Gewinn aus dem Anbau der Waiden, (ich darf eines dieser Länder schon nennen: die Chur-Pfalz) gereizt, loben sie ihren Fürsten ungemein und das Umreissen der Waiden und die Einführung der Stallfütterung breitet sich ohnbemerkt ohne allen Zwang fort.

Die Stallfütterung erschwert das Zusammensuchen der benöthigten grünen Fütterung im Sommer, wie viel mehr Gras, wie viel mehr Dienstbothen wäre man hierauf benöthigt? welche Arbeit und Kosten? Eine Einwendung! —

Ich antworte, wenn man diesen Weg gehet, so erleichtert man dem Bauern eben dadurch die Einführung derselben und ihre Besorgung. Vormals ehe man Kleefelder hatte, suchte man das Gras mit der Sichel sehr mühsam und kümmerlich zusammen; ein halber Tag gieng wohl hin, bis die Magd einen Bündel erhaschte und heimbrachte.

Jetzt aber nimmt sie die Sense: in zwo, drey Minuten ist soviel gemähet, man bedarf der Dienstboten nicht mehr, und thut den Hirten aus Lohn und Brod.

Es gehet schwer ein, der abgeschaften Walden willen den Viehstand zu verringern! --

Wenn ich sage: bauet vorher Klee, ehe ihr dieses thut, und dann erst reisset die Walde um, so verscheuche ich den widersprechenden Gedanken, ich werde sogar dadurch den Viehstand um sehr vieles erweitern und vermehren.

Weitere Einwendung: Auf den Walden hält sich das Vieh rein, liegt nicht im Koth, leckt sich und wird so von Staub und Grind rein!

Dieß ist wohl wahr! warum aber verschweigt man den Schaden. Sonnenhitze, Sturm, Insekten, woraus allerley Widriges, auch wohl allgemeine Seuchen entspringen? Doch davon will ich schweigen!

Im Stall muß der Bauer sein Vieh durch Striegel, Bürste und Staubtuch, also mit vieler Mühe rein halten! —

Darauf aber, wenn er nur will, verwendet er gewiß so viele Zeit nicht, als er, wenn er seine Ochsen waldet und faul auf der Wiese sich hinlegt und ausstreckt, die Zeit ungenutzt hinbringt.

Noch eine Einwendung wider die Stallfütterung: Woher nehmen wir, wenn das Vieh den ganzen Sommer im Stalle liegt, die dazu benöthigte Streu? —

In der Landwirthschaft lauft eins ins andere; sobald man aus der Stallfütterung mehr Dung hat, hat man auch mehr Getraide, mehr Stroh, also auch nothwendig mehr Streu; Jedoch will der Menschenfreund hier auch noch rathen und eine Erleichterung schaffen; so ermahne er den Bauern zum Gebrauche der so ganz vortreflichen Gülle, bey deren Anlegung man sehr vieles Streuen erspart.

Versage man ihm das Laub nicht in dem Walde: die Acheln nicht von den Tannen, Fichten und Forlen; sage man ihme, daß noch gar vieles andere zum Unterstreuen tauge: Brechacheln von Flachs und Hanf, Rohr an den Seen,

schlech-

schlechtes Gras aus den Wäldern und Sümpfen, Heidelbeer-Kraut, das Sägmehl aus den Sägmühlen u. d. gl.

Beschluß: wenn man also die Landleute durch Beyspiele zum Kleebau ermuntert; sie auf ein, zwey Jahre Klee im Vorrath voraussammlen; der Kleebau auf den Feldern zur grünen Fütterung auch schon da stehet; sogleich alsdenn die Waiden zu Wiesen eingehegt und unter die Gemeine vertheilt, oder auch zu Aeckern, zum Getraide, Kartoffeln, oder andere Frucht und Fütterungsarten, umgebrochen und angebauet, auch in der Folge zum Kleebau genutzt werden, wenn man überhaupt die weiters vorgelegten Anmerkungen und Regeln abstrahirt und zur Befolgung annimmt, so ist, die so nützliche Stallfütterung bald ohne Zwang allgemein eingeführt, in der Folge erleichtert und wird auf immer für das Land sehr nützlich bestehen und ausfallen.

Inhaltsanzeige.

10. Ob

Register
zu Rückerts Feldbau
chemisch untersucht
über die in allen drey Theilen abgehandelte Materien.

Die römische Zahl weißt auf den Theil hin; die kleine aber auf die Seitenzahl.

B.

von

Buf

C.

D.

Eßig,

aus

G.

J.

K.

L.

Ursachen

149

M.

N.

O.

wie

Thon-

V.

Wetter.

Verbesserungen

zu den drey erschienenen Theilen.

Erster Theil.

Seite 4.	Zeile 14.	für:	ich nicht nur lies: ich nicht.
27	- 3	-	Flüchtigkeits. l. Feuchtigkeits.
38	- 8	-	Fett l. - - -
40	- 23	-	Harzbäzig l. Haalbözig.
41	- 14	-	Ursache l. Versuche.
43	- 2	-	daß l. das.
47	- 12	-	säure l. säuren.
63	- 11	-	sehen l. sahen.
64	- 2	-	wozu l. nehmen.
72	- 5	-	daß l. das.
85	- 12	-	ihm l. ihn.
112	- 4	-	. l. ?
114	- 15	-	mit l. —
116	- 3	-	Turnips l. Ranuschen.
149	- 18	-	70ten l. 69ten.
154	- 27	-	gewähren l. gewährte.
156	- 15	-	werden l. werde.
—	- 19	-	minder l. wieder.
218	- 8	-	trugen l. taugen.
229	- 15	-	Clee l. Cleeheu.
240	- 23	-	wenn man l. man.
272	- 14	-	70 l. 69.

Zwey.

Verbesserungen.

Zweyter Theil.

Seite VI.	Zeile 1.	für: Erde lies: Erde: in Säuren auflösbare Erde.
21	7	Vortheile l. Vorurtheile.
26	20	daß die vielen l. daß die
—	21	1 zu 141. l. 1. zu 14.
29	18	Schraube l. Schnaupe.
38	9	Wiesenfrüchte l. Winterfrüchte
40	5	komme l. ?
122	9	Wieberweizen l. Winterweizen
165	19	Quarzschiefer l. Quarz.
228	23	nüzlich seyn l. nüzlich gewesen seye.
286	28	40 Proc. l. 40 bis 50 Proc.
317	19	werden muß l. werden müßte
373	15	ein Feld 30 l. ein Feld von 30
—	17	als jener l. als zuvor.
410	14	besse l. Baste.
—	22	5½ l. 3½

Dritter Theil.

7	22	an Scheidwasser lies: an in Scheidwasser.
—	23	an Vitriolsäure l. an in Vitriolsäure.
—	5	Brauern l. Brennern.
42	23	Nichtreichwerdens l. Nichtreifwerdens.
49	18	Sälle l. Sülle.

Seite

Verbesserungen.

Seite 60	Zeile 25	für: Galle lies: Gülle:
65	1-4	die vier ersten Zeilen l. nichts.
70	1	23 l. 2. 3.
86	19	Bunkel l. Runkel.
- -	19	Raugersten l. Rangersen.
- -	20	Tanuschen l. Ranuschen.
96	25	Geister l. Gräser.
104	6	einer l. eine.
110	24	bestelle l. bestellen.
111	14	wild l. wird.
122	14	24 l. 3. 4.
178	22	verkaufe l. erkaufe.
178	26	das beste Vieh l. da das beste
193	19	Laud-Erde l. Laub-Erde.
226	26	Calknheiler l. Calkmäuler.
239	17	15 l. 75.
270	21	Leim-Kuchen l. Lein-Kuchen
278	17	Caschmacher l. Raschmacher.
280	12	weiß, l. weiß ich,

www.ingramcontent.com/pod-product-compliance
Lightning Source LLC
Chambersburg PA
CBHW020900210326
41598CB00018B/1728
* 9 7 8 3 7 4 3 6 7 7 6 0 9 *